经典文学名著金库

名师精评思维导图版

LITERATURE OF CLASSIC

经典文学名著金库

名师精评思维导图版

L I T E R A T U R E O F C L A S S I C

经典文学名著金库·名师精评思维导图版

LITERATURE OF CLASSIC

昆虫记

[法国] 法布尔 / 原著　闫仲渝 / 主编

天地出版社 | TIANDI PRESS

序

RECOMMENDATION

中外很多杰出的长者根据自己的切身体会一致承认，在年轻的时候多读一些世界文学名著，是构建健全人格基础的一条捷径。

这是因为，世界文学名著是岁月和空间的凝练，集中了智者对于人性和自然的最高感悟。阅读它们，能够使青少年摆脱平庸和狭隘，发现自己居然能获取那么伟大的精神依托，于是也就在眼前展现出了更为精彩的人生可能。

同时，世界文学名著又是一种珍贵的美学成果，亲近它们也就能领会美的无限魅力。美是一种超越功利、抑制物欲的圣洁理想，有幸在青少年时期充分接受过美的人，不管今后从事什么职业，大多会毕生散发出美的因子，长久地保持对于丑陋和恶俗的防范。一个人的高雅素质，便与此有关。

然而，话虽这么说，这件事又面临着很多风险。例如，不管是小学生还是中学生，课程分量本已不轻，又少不了各种少年或是青春的游戏，真正留给课余阅读的时间并不很多。这一点点时间，还极有可能被流行风潮和任性癖好所席卷。他们吞嚼了大量无聊的东西，不幸成了信息爆炸的牺牲品。

为此，我总是一次次焦急地劝阻学生们，不要陷入滥读的泥淖。我告诉他们："当你占有了一本书，这本书也占有了你。书有高下优劣，而你的生命不可重复。"我又说："你们的花苑还非常娇嫩，真不该让那么多野马来纵横践踏。"不少学生相信了我，但又都眼巴巴地向我提出了问题："那么，我们该读一些什么书？"

这确实是广大学者、教师和一切年长读书人都应该承担的一个使命。为学生们选书，也就是为历史选择未来，为后代选择尊严。

这套“经典文学名著金库”，正是这种努力的一项成果。丛书在精选书目上花了不少功夫，然后又由一批浸润文学已久的作者进行缩写。这种缩写，既要忠实于原著，又要以浅显简洁的形态让广大青少年学生能够轻松地阅读，快乐地品赏。有的学生读了这套丛书后发现自己最感兴趣的是其中哪几部，可以再进一步去寻找原著。因此，它们也就成了进一步深入的桥梁。

除了青少年读者，很多成年人也会喜欢这样的丛书。他们在年轻时也可能陷入过盲目滥读的泥淖，也可能穿越过无书可读的旱地，因此需要补课。即使在年轻时曾经读得不错的那些人，也可以通过这样的丛书来进行轻快的重温。由此，我可以想象两代人或三代人之间一种有趣的文学集结。家长和子女在同一个屋顶下围绕着相同的作品获得了共同的人文话语，实在是一件非常愉快的事情。

特此推荐。

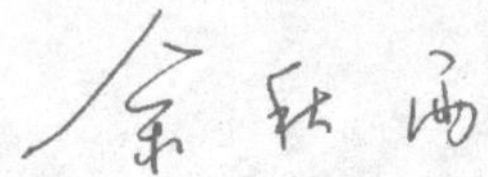

思维导图

昆虫记

作品影响

在国外

19世纪末，本书在法国一经出版便得到社会各界的高度重视和一致好评。此后，该书一版再版，被翻译成50多种文字。

在我国

《昆虫记》已是初中生必读课外书目，其中，《蟋蟀的住宅》等文章被选入小学语文教材。

文学地位

《昆虫记》是优秀的科普著作，也是公认的文学经典，在自然科学史与文学史上都有重要地位，**被誉为"动物心理学"的奠基之作、"昆虫的史诗"**。

作者

法布尔，法国著名科学家、科普作家。

代表作：

《昆虫记》

《自然科学编年史》

内容简介

本书展现了一个多姿多彩的昆虫世界：凶猛的螳螂、勤快的蝉、高明的建筑家蜘蛛和蜂类、笨拙可笑的松毛虫……**在作者充满爱与诗意的笔下，每种昆虫都极富灵性与智慧。**

名人评价

法布尔观察之热情耐心、细致入微，令我钦佩，他的书堪称艺术杰作。我几年前就读过他的书，非常喜欢。

——法国著名作家罗曼·罗兰

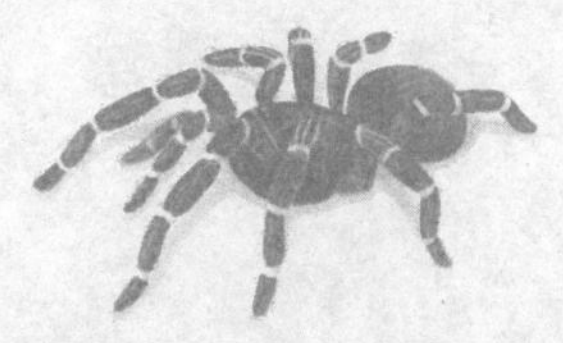

昆虫记

思想主旨

《昆虫记》以人性观照虫性，将昆虫世界化作供人类获得知识、趣味、美感和思想的美文，饱含作者对生命的关爱之情和对自然万物的赞美之情。

作品特点

强烈的求真精神

作者深入昆虫世界，仔细观察每种昆虫的生理特征和习性，并用一个个严谨的实验，力求得出客观准确的结果。

描写生动，联系巧妙

作者运用生动的描写及各类修辞手法，将昆虫的生活与人类社会巧妙联系起来，把人类社会的道德和认识体系投射到笔下的昆虫世界，创作形态独特。

昆虫种类

螳螂

蝗虫

蝉

甲虫

蜂类

毛虫

蝴蝶

蜘蛛

蝎子

目录 昆虫记 CONTENTS

Chapter 01 | 第一章

论祖传

每个人都有自己的个性与特质，这种特质有时候看起来好像是从我们的祖先那里遗传（生物体的某些特征从上一代传递到下一代的现象）来的，事实上并非如此。比如，一个喜欢数小石子的牧童，可能成为数学家；一个远离小伙伴、整日独自幻想着一种乐器的美妙声音的小孩，可能成为未来的音乐家；而一个喜欢把面包和苹果酱到处乱抹的小家伙，说不定会成为一位很不错的雕塑家。由此我们可以知道，一个人的才干更多地源于他那强烈的兴趣爱好。（巧用排比句式，开篇即指出兴趣爱好的重要性，为下文介绍自己的独特爱好作铺垫。）

我在幼年的时候，就非常喜欢与大自然亲密接触，逐渐形成了观察植物和昆虫的习惯。我的这种习惯并不是从我的祖先那里遗传来的，因为，我的祖先都是没有受过教育的乡下佬，他们唯一知道和关心的就是自己养的牛和羊。我也没有受过什么昆虫知识方面的专门训练，因为从小就没有老师教过我。不过，我向着我的目标不断努力着，希望在记载昆虫的书籍里能看到我的见解。

在很多年以前，我还是一个不懂事的小孩子，可当时我那种独立探究的勇气和决心，至今都令我感到非常骄傲。记得有一次，我去攀登离家很近的一座山，因为那山顶上有一片我向往已久的树林。

我正在缓慢地往上爬的时候，忽然发现了一只十分可爱的小鸟。我猜想这只小鸟一定是从它藏身的大石头那里飞过来的。不一会儿工夫，我就发现了小鸟的巢。这个鸟巢是用干草和羽毛做成的，里面还排列着六个蛋。这些蛋呈现美丽的纯蓝色，而且十分光亮。（描写生动，可见作者观察之细致。）这是我第一次找到鸟巢。

我高兴极了，于是伏在草地上，认真地观察着。后来，我取出一只蓝鸟蛋，小心翼翼地拿回家，路上恰巧遇见了一位牧师。牧师阻止我再去碰那个鸟巢，并告诉我偷鸟蛋是一件很残忍的事。（表面上是在说"我"，实则是在借牧师之口告诉读者，不要拿走小鸟的蛋，那等于夺走了它们的孩子。）

我们村子的旁边有一条小河，河的对岸有一片树林，那里全是光滑而笔直的树木，地上铺满了青苔（孢子植物，一般喜欢在阴暗潮湿的地方生长）。在这片树林里，我第一次采集到了野菌。[那里有许多形状各异的野菌，它们有的像小铃儿，有的像灯泡，有的像茶杯。它们中有些被刺破后会流出像牛奶一样的汁液；有些被我踩到时，就变成蓝色的了；还有一种梨子形状的野菌，用手一戳，就会喷出一股烟。]❶ 后来，我常来光顾这片有趣的树林，这里便成了我的另一个乐园。

我儿时最大的愿望就是有一个属于自己的野外实验室。几十年后，这个愿望实现了。在一个小村落的幽静之处，我得到了一小块土地。这里长满了千姿百态的植物，有偃卧草、刺桐花，还有西班牙的牡莉——一种长满了橙红色花朵的植物，以及有硬爪般花序的植物等。

[这里更生活着各种各样的昆虫，它是无数蜜蜂和黄蜂的快乐猎场，我从来没有在任何一块单独的地方看见过这么多的昆虫。在这块乐土上，我看到了泥水匠蜂、掘地蜂、白腰蜂以及黄蜂等，它们有的是猎

人，有的是纺织工人，有的是泥水匠，有的是切叶者，它们以这块土地为中心，各自经营着各自的生意。］❷

在这些居民中，最勇敢的要数黄蜂，它们不经我的允许就霸占了我的屋子。（幽默风趣，引人发笑，增强了可读性。）还有白腰蜂，它们就住在我的门口，我每次进屋子的时候都必须非常小心，否则会踩到它们。园子里还有强悍勇猛的蚂蚁，它们派遣出一个兵营的力量，排着长长的队伍，向战场出发，去猎取它们强大的俘虏。此外，在我的屋子附近的树林里面，住满了各种鸟雀。它们之中，有的是唱歌鸟，有的是绿莺，有的是麻雀，还有猫头鹰。［这片树林里还有一个小池塘，池中住满了青蛙，］❸ 到了五月份的时候，它们就组成了一支乐队，热闹极了。

在我的这个稀奇而又冷清的王国里，这些昆虫和其他动物们全都是我的伙伴。我亲爱的小动物们，我从前和现在所熟识的朋友们，它们全部住在这里，每天打猎，建造巢穴，辛勤养活它们的家族。（作者对昆虫的热爱溢于言表，也对它们的辛勤劳动充满了敬意。）我有很多理由，让我逃离都市，来到这偏远的乡村，做些除除杂草和灌溉莴苣的事情。

名师导读 Mingshi Daodu

❶ “小铃儿”“灯泡”“茶杯”——比喻生动贴切，接下来运用排比句描述不同野蘑菇的特征，形象直观。（比喻手法 排比句）

❷ 巧妙运用排比句式和拟人手法，勾画出了一个生机勃勃的昆虫乐园。不难看出，作者笔下的昆虫都充满了人性，增强了文章的趣味性和思想性。（排比句 拟人手法）

❸ 运用了由大到小、从面到点的写作手法。

名师赏析 Mingshi Shangxi

伟大的科学家爱因斯坦说过："兴趣是最好的老师。"作者法布尔开篇说明了兴趣爱好的重要性，自己因为从小对昆虫感兴趣，所以终身致力于研究这些小生灵，并为它们谱写了一首首生命的赞歌。在描写包括昆虫在内的各种小动物时，字里行间都饱含深情，处处渗透着人文关怀，法布尔是当之无愧的"描写昆虫的杰出诗人"。

好词好句

向往已久　小心翼翼　残忍　光滑而笔直

它们有的是猎人，有的是纺织工人，有的是泥水匠，有的是切叶者，它们以这块土地为中心，各自经营着各自的生意。

延伸思考

1.说说看，你从爸爸妈妈身上遗传了哪些身体特征和兴趣爱好呢。

2.你喜欢小动物吗？在日常生活中，除了家里养的宠物，你还见过哪些小动物？

Chapter 02 | 第二章

神秘的池塘

我总是喜欢不知疲倦地凝视着碧绿的池塘，因为那是一个由许许多多小生命组成的神秘世界。

在池塘边，成群的小蝌蚪在暖和的池水中嬉戏着、追逐着；有着红色肚皮的蝾螈（一种终身有尾的两栖动物，全球约有 400 种，一般生活在淡水和潮湿的林地之中）也摇摆着它的宽尾巴，在水中缓缓前进；芦苇草丛中，一群群石蚕幼虫急急忙忙地将身体隐匿在一个枯枝做的小套中——这个小套是防御天敌和各种各样意想不到的灾难用的。

池塘深处，水甲虫们在不停地跳跃着。它们前翅的尖端有一个可以用来呼吸的大气泡，胸下有一片胸翼，在阳光下闪闪发光，好像威武的大将军胸前佩戴的闪着银光的胸甲。（比喻形象贴切，一个威风凛凛的水甲虫形象跃然纸上。）

在水面上，一群闪着亮光的豉虫（豉虫科昆虫，体椭圆形，有黄色和黑色，生活于池沼中，常在水面旋回游泳，夜间在空中飞行）在欢快地打着转！不远处的水中，一队池鳐正在迅速地向这边游来。还有水蝎，它们交叉着前肢，在水面上悠闲地做出一副仰泳的姿势。（运用拟人手法，使水蝎的样子活灵活现。）蜻蜓幼虫正在水中时不时地冲刺前进。每次冲刺前，它都以极高的速度把身体后部漏斗里的水挤压出来，使身体借着水的反作用力，以同样的速度冲向前方。

[在池塘水底，还躺着许多沉静又稳重的贝壳动物。有时候，小小的田螺们会沿着池底缓缓地爬到岸边，小心翼翼地张开沉沉的盖子，眨着眼睛，好奇地张望这个美丽的水中乐园，尽情地呼吸一些陆上的空气；水蛭（俗称蚂蟥，多生于内陆淡水水域内。其体形扁长，有前后两个吸盘，可吸附在人体或其他动物身上）们伏在它们的征服物上，不停地扭动着身躯，看起来得意扬扬；成千上万的孑孓在水中有节奏地一扭一曲，好像在表演舞蹈，]❶可是用不了多长时间，它们就会变成让人厌烦的蚊子。

其实，如果不仔细去观察，这个池塘只是宁静的一摊水。可是在阳光的孕育下，这个直径不超过几尺的池塘却犹如一个辽阔神秘而又丰富多彩的世界。[它怎能不引起一个孩子强烈的好奇心呢？下面就让我来讲讲，在我记忆中的第一个池塘是怎样深深地吸引了我，激发起我的好奇心的吧。]❷

我小的时候，家里很穷。除了我母亲继承的一所房子和一块小小的荒芜的园子，几乎什么也没有。（交代家境贫困的背景，为后文埋下伏笔。）

“我们将怎么生活下去呢？”这个严肃的问题常常挂在我父母的嘴边。“如果我们来养一群小鸭，”母亲说，“一定可以换得不少钱。我们可以买些油脂回来，把它们喂得肥肥的。”

“这个主意不错！”父亲高兴地说道，“那我们就来试一试吧。”

那天晚上，我做了一个美妙的梦——我和一群可爱的小鸭子一起漫步到池畔，它们都穿着鲜黄色的衣裳，活泼地在水中打闹、洗澡。我在旁边微笑着看它们洗澡，耐心地等它们洗痛快，然后带它们慢悠悠地走回家。半路上，我发现其中一只小鸭累了，就小心翼翼地把它捧起来，放在篮子里面，让它甜甜地睡觉。

没想到就在两个月之后，我们家里真的孵出了二十四只毛茸茸的小鸭子。因为鸭子自己不会孵蛋，所以它们是由母鸡孵出来的。

［可怜的老母鸡分不清孵的是自己的亲骨肉还是别家的“野孩子”，只要见到圆溜溜、和鸡蛋外形差不多的蛋，它都很乐意去孵，并把孵出来的小生物当作自己的亲骨肉来对待。］❸ 我们家的一只黑母鸡和从邻居家借的一只黑母鸡就承担起了孵小鸭的重任。

小鸭子出世后，我们家的那只黑母鸡，每天都不厌其烦地和那些小鸭子们做游戏。

我把一只装着许多水的木桶放在院子里，让小鸭子们在里面尽情地玩耍。这个木桶为小鸭们构造了一个水中乐园。每到阳光明媚的日子，小鸭们总是一边沐浴着温暖的阳光，一边在木桶里洗澡嬉戏。它们是那么快乐和幸福，这让旁边的黑母鸡羡慕得不得了。（戏谑的口吻，让人忍俊不禁。）

过了两星期，那只小小的木桶渐渐地不能满足小鸭们的需求了。因为它们需要大量的水，这样它们才能在里面任意地翻身跳跃。再

名师导读

Mingshi Daodu

❶“沉静又稳重”“缓缓”“小心翼翼”“眨”“好奇”“扭动”“得意扬扬”“一扭一曲”，这一连串动词和形容词的运用，使得语言轻松欢快，把几种小动物写得活灵活现，煞是惹人喜爱。

❷承上启下，衔接自然，同时设置悬念，引发读者的好奇心。

❸语言诙谐幽默，老母鸡在作者的笔下成了憨头憨脑、母爱泛滥的可爱妈妈。
（拟人手法）

说小鸭们还需要吃许多小虾米、小螃蟹和小虫子之类的食物，而这些食物只有在互相缠绕的水草中才能找到。

怎样才能让那些可爱的小鸭得到足够的水和食物呢？（以设问的形式引出下文。）

我突然想起，在村外那座山附近有一块很大的草地和一个不小的池塘。那是一个很荒凉很偏僻的地方，没有什么猫狗的打扰，倒是可以成为小鸭们的天然乐园。（心思缜密，为小鸭子设想得很周到。）

[于是，我领着小鸭们赶往它们的乐园。但是因为走了太多的路，我那赤裸裸的双脚渐渐地磨出了水泡。小鸭们的脚蹼还没有完全长成，还不够坚硬，所以它们似乎也受不了这样折腾。走在崎岖的山路上，小鸭们不时地发出“嘎嘎”的叫声。我们走一阵儿歇一阵儿，终于到达了目的地。] ❶

那池塘的水浅浅的、温温的，水中露出的土丘仿佛一个个小小的岛屿。[小鸭们飞奔到池塘边，忙碌地在岸上寻找食物。吃饱喝足后，它们便下水洗澡。洗澡的时候，它们常常会把上半身潜入水中，只露着尾巴直指向蔚蓝的天空，就好像是在跳水中芭蕾。] ❷ 看着它们优雅而美妙的舞姿，我心里美滋滋的。把目光从小鸭们的身上移开，我开始去仔细观赏水中其他的景物。

在靠近河边的泥土上，我惊奇地发现了几段互相缠绕着的“绳子”，它们又粗又松、黑沉沉的，像是沾满了黑色烟灰的细绒线，好像刚刚从袜子上拆下来的一样。（比喻贴切，富有画面感。）我走了过去，本想把那“绳子”放在手心里，细细地观察一番，可是这东西竟滑溜溜的，还有点黏，刚捏起来就从我的手指缝里溜了下去。

我试了好几回，可都是白费力气。不料，有几段绳子的结突然散开了，从绳子里面跑出来一颗颗小珠子，小珠子只有针尖那么大，后面还拖着一条扁平的尾巴。这回我认出它们了，原来就是我们很熟悉的小生物——蝌蚪（两栖动物蛙、蟾蜍的幼体，生长在水里）。

在这个池塘里还有许多奇妙的生物。其中有一种生物，它那黑色的背部在阳光下闪闪发光，身体不停地在水面上打着旋。我本想捉几只放到碗里仔细研究，可惜它们逃得特别快，我怎么都捉不到。

在池水深处，有一团浓绿的水草。我轻轻地拨开一束水草，立刻就有许多水珠争先恐后地浮到水面，然后聚成一个大大的水泡。我继续往水草下观望，看到了许多像豆子一样扁平的贝壳和一些看上去像戴了羽毛的小虫，还有一些舞动着柔软的鳍片的小生物。看着这些游来游去的小东西，我不禁浮想联翩。

[看累了池塘中的生物，我又把目光转向池塘周围。]❸ 池塘的水通过一条小小的渠道引进附近的田里。在田地里生长着几棵赤杨。我跑到赤杨旁边，发现了一只美丽的甲虫，它大概有核桃那么大，身上带着一些蓝色。我轻轻地捉起它，把它放进了一个空蜗牛壳里，再用叶子塞好。（小心翼翼，生怕伤害到这个小

名师导读 Mingshi Daodu

❶将一个光着脚丫的小男孩领着一群稚嫩的小鸭子走在山间小路上的场景刻画得活灵活现，充满了作者的慈爱和关怀之情。

❷通过一连串动词的运用，写出了小鸭子的欢喜之情。而水中芭蕾的比喻惟妙惟肖，富有画面感。
（比喻手法）

❸让读者追随着作者的目光继续打量池塘四周的风景，过渡非常自然。这种衔接方法在写作文时值得借鉴。

生灵，可见作者的博爱之心。）我打算把它带回家中，细细欣赏一番。

接着，我又回到池塘边，继续观察那神秘的水世界。清澈的泉水源源不断地从岩石上流下来，先流到一个小水潭里，然后汇成一条小溪，溪水再缓缓流入池塘。

看着看着，我突发奇想，如果可以把顺流直下的小溪看成一个小小的瀑布，让它去推动一个磨，那不是很好玩吗？（童心大发，令人会心一笑。）

于是，我开始着手做一个小磨。我用稻草做成磨的轴，再用两个小石块做它的支架。不一会儿，磨就完工了，而且做得很成功，只可惜当时没有小伙伴和我一起玩，只有小鸭们来欣赏我的杰作。

这个小小的成功激发了我的创作欲，我还想再筑一个小水坝。正好池塘边有许多乱石可以利用。我便耐心地挑选着石块。挑着挑着，我忽然发现了一个奇迹，它让我再也顾不上建造水坝的事了——当我翻开一块大石头时，发现石头上有一个小拳头般大小的窟窿。阳光穿过窟窿射到水面上，立即出现一团耀眼的光，就好像阳光下的钻石发出的光芒！（比喻贴切，小男孩的喜悦之情跃然纸上。）

这使我想起了神龙的传奇故事。神龙是地下宝库的守护者，它们守护着不计其数的奇珍异宝。难道我眼前这些闪闪发光的碎石都是神龙赐给我的珍宝吗？接着，我看到潺潺的泉水底铺着许多金色的颗粒，它们都粘在一片细沙上。

我俯下身去，发现这些金粒在阳光下正随着泉水打转，这真的是金子吗？就是可以用来制造金币的金子吗？要知道，对一个贫穷的家庭来说，金子是何等宝贵啊！（连续用疑问句增强语气，表现了“我”的天真无邪与美好想象。）

我小心翼翼地拣起一些细沙，放在手掌里仔细观察，发现这些发光的金色颗粒特别小，根本挑拣不出来，估计也派不上什么用场，所以，我只好放弃了这项麻烦的工作。

我把石头打碎，想看看里面还有什么珠宝，可是只见一条小虫从碎片里爬出来。它的身体呈螺旋形，上面好像遍布着一节一节的疤痕，而且有节疤的地方显得格外沧桑和健壮。（观察细致入微，可见作者善于发现生活中的美，从小就练就了一双慧眼。）我不知道它是怎样钻进这些石头内部的，也不知道它为什么要钻进去。

为了纪念刚刚发现的这个“宝藏”，我把衣袋里都塞满了碎石块，把它们带回家去。

这时候，天快黑了，小鸭们也吃饱了，于是我把它们驱赶到一起，欢快地对它们说：“走，咱们得回家了。”在回家的路上，我的脑海里充满了幻想，尽情地想着我的蓝衣甲虫，还有那些神龙所赐的宝物，甚至脚跟都不觉得疼了。

可是一踏进家门，父母的反应就把我的热情全都浇灭了，他们看到我的衣服快被撑破了，我那鼓鼓的衣袋里面尽是一些没有用处的石块，于是大发雷霆。（节奏陡转，由轻快到严肃，制造悬念。）

“我叫你看鸭子，你却只顾着玩耍，还捡回来那么多没用的石块，是不是还嫌我们家周围的石头不够多啊？赶紧把这些东西扔出去！”父亲冲我吼着。我只好听他的话，把所有的那些“珍宝”统统扔在了门外的废石堆里。

母亲看着我，无奈地叹了口气，说道：“孩子，你真让我为难。如果你带些青菜回来，我也不会责备你，那些东西至少可以喂喂兔子，可这种碎石只会把你的衣服撑破，这种毒虫也只会把你的手刺伤，它们能给你什么好处呢？是不是有什么东西把你给迷住了？”母亲说得没错，的确有一种东西把我迷住了——那就是大自然的魔力。（为后文迷上昆虫学埋下伏笔。）

几年后，我知道了那个池塘边的“钻石”其实是岩石的晶体，所谓的“金粒”也不过是云母碎粒而已，它们并不是神龙赐给我的什么宝物。尽管如此，对于我，那个池塘始终保持着它的神秘。在我看来，池塘里的那些东西远比钻石和黄金更有魅力。

许多年以后，我拥有了一个室内池塘，它是由铁匠和木匠合作建造而成的。这个池塘的下面是由木头做的基座，上面是铁条做成的池架，池架周边镶有玻璃。这是一个设计得相当不错的玻璃池，就放在我的窗口，它的体积大约有10~12加仑（一种容积单位，分英制加仑、美制加仑。1美制加仑≈3.785升，1英制加仑≈4.546升）。

池塘完工后，我先往池里放进一些滑腻腻的硬块。这个东西表面长着许多小孔，看上去很像珊瑚礁。硬块上面盖着许多绿绿的绒毛般的苔藓，这些苔藓能够使池水保持清洁。这是因为，动物在水池里也需要吸入新鲜的氧气，同时排出二氧化碳。二氧化碳对我们人来说相当于废气，却恰恰是植物所需要的。所以池子里的水草就吸收了二氧化碳，经过一番工作后，把可以供动物呼吸的氧气释放出来。

这个池塘不像户外的池塘那么大，也没有太多的生物，这恰恰为我的观察提供了有利条件，在这个小池塘里，你可以随时观察水中生物生活的每一个片段。

我常常注视着池水中的气泡，展开无限的遐想：在很久很久以前，陆地刚刚脱离了海洋，那时候，草是第一棵植物，它吐出第一口氧气，供给动物呼吸。于是，各种各样的动物相继出现了，而且一代一代繁衍下来，逐渐演变成今天多姿多彩的生物世界。

名师赏析 Mingshi Shangxi

对于一个充满好奇心的孩子来说，一个生机勃勃的池塘无疑是一个充满了神秘和未知的新世界，那里有蝌蚪、蝾螈、石蚕、水甲虫、蜻蜓幼虫，还有各种美丽的贝类。作者观察细致入微，用诗一般的语言描述了所见到的美丽景色和各种小生物，充满了对大自然的热爱之情。最难能可贵的是，作者不时在文中穿插一些科学常识，让我们在快乐的阅读体验中又能学到一些科学知识。

● 好词好句

源源不断　突发奇想　奇珍异宝　沧桑　健壮

大发雷霆　滑腻腻　片段　遐想　多姿多彩

有时候，小小的田螺们会沿着池底缓缓地爬到岸边，小心翼翼地张开沉沉的盖子，眨着眼睛，好奇地张望这个美丽的水中乐园，尽情地呼吸一些陆上的空气。

的确有一种东西把我迷住了——那就是大自然的魔力。

● 延伸思考

1.回想一下，作者在神秘的池塘边都发现了哪些小生物呢。

2.你一定也见过池塘吧？下次去池塘边，仔细观察一下，把你所看到的情景写成一篇短文吧。

Chapter 03 | 第三章

爱好昆虫的孩子

从儿时起，我便十分喜爱昆虫，不过我说过，我的这种习性并不像许多人所认为的那样源自祖辈的遗传。（开门见山，提纲挈领。）

我的外祖父和外祖母一直过着清苦的日子。如果硬要说外祖父曾经和昆虫发生过什么关系，那也不过是他曾经踩死过不少昆虫。（轻松的语调，揶揄的口吻，引人发笑。）外祖母则是每天为琐碎的家务所累。她洗菜时，偶尔会发现菜叶上的毛虫。这时，她就会毫不犹豫地立刻把这种又讨厌又可恶的东西打掉。

我小的时候，父母穷得无法养活我，所以在五六岁的时候，我就跟着祖父母一同生活了。我的祖父母住在偏僻的乡村，他们靠着几亩薄田维持生计。

祖父对于牛和羊知道得很多，可是除此之外，便几乎一无所知了。祖母是一个慈爱的人，她整天忙着洗衣服、照顾孩子、烧饭、纺纱、看小鸭、做乳酪和奶油，一心为这个家操劳着。有时候，到了晚上，祖母就会在火炉边讲一些狼的故事给我听。我始终深深地感激着亲爱的祖母，在她的膝上，我第一次得到了温柔的安慰，使痛苦和忧伤得到缓解。（慈祥的祖母所给予"我"的深深的爱，读来让人感动。）她遗传给了我强壮的体质和爱好劳动的品格，可是她的确没有遗传给我爱好昆虫的天性。

我自己的父母也都是不爱好昆虫的。母亲没有受过教育，父亲小时候虽然上过几年学，会读书写字，可天天为了生存而奔波劳苦，根本顾不上别的，更别说爱好昆虫了。有一次，父亲见我把一只虫子钉在软木上，便以为我玩物丧志，狠狠地打了我一拳，这就是我从他那里得到的鼓励。

尽管如此，我还是一如既往地喜欢观察和怀疑一切事物。记得在我五六岁的时候，有一天我光着脚丫子站在我们的田地前面的荒地上，粗糙的石子硌疼了我的脚。我把脸正对着太阳，那炫目的光辉使我心醉。

就在这时，我的脑海里突然冒出一个问题："我究竟是在用嘴巴，还是用眼睛来欣赏这灿烂光辉的呢？"我把嘴张得大大的，把眼睛闭起来，光明消失了；我睁开眼睛，闭上嘴巴，光明又出现了。这样反复实验了几次，结果都是一样。于是，我确定我是用眼睛看太阳的。后来我才知道这种方法叫"演绎法"（指人们以一定的反映客观规律的理论认识为依据，从服从该认识的已知部分推知事物的未知部分的思维方法。是由一般到个别的认识方法）。这是一个多么伟大的发现啊！晚上，当我兴奋地把这件事告诉大家时，只有祖母慈祥地微笑着，其余的人都大笑不止。

还有一次，树林里一种断断续续的叮当声吸引了我。在寂静的夜里，这种声音显得分外柔和，到底是谁在发出这种声音？是巢里的小鸟在叫，还是小虫子们在开演唱会呢？（用充满诗意的语言写出了童真童趣，意境优美。）我曾经站在树林里守候了很长时间，可是没有任何收获。第二天、第三天……我每天都去守候，不弄清真相决不罢休。

终于有一天，我的不屈不挠获得了回报。嘿！我终于抓到它了，这个音乐家已经在我的股掌之间了——原来是一只蚱蜢在唱歌。我很得意自己又掌握了一些关于蚱蜢的知识，而且这些知识是通过我自己的努力得来的。不过，我并没有把这个发现告诉别人，怕再像上次看太阳的事情那样遭到别人的嘲笑。

［我们屋子旁边的花长得多美呀！就像一双双彩色的大眼睛在冲我甜甜地微笑。］❶ 春天，树上还会挂满又大又红的樱桃，不过吃起来味道一般，不像它们看上去的那么诱人。夏天将要结束的时候，祖父还会拿着铁锹，把土翻起来，挖出好多圆圆的根。这些我倒认得，因为我们的屋子里堆着很多，我们常拿来放在煤炉上烤着吃，这就是马铃薯。

我利用自己这双对于动植物特别机警的眼睛，独自观察着一切惊异的事物。尽管那时候我只有六岁，在别人看来什么也不懂。我研究花，研究虫子，我观察着，怀疑着，不是受到了遗传的影响，而是受到了好奇心的驱使和对大自然的热爱。（表达了"我"渴望探求大自然的好奇心和巨大热情。）

七岁的时候，我就要进学校学习了。可我并不觉得学校生活比我以前那种自由自在地沉浸在大自然中的生活更有意思。我的［教父］❷

名师导读 Mingshi Daodu

❶ 把盛开的花朵比喻成会微笑的彩色大眼睛，手法巧妙，同时可见作者是多么的热爱大自然。
（比喻手法）

❷ 指为婴儿或幼儿洗礼并保证其接受宗教教育的人，也指在制定或阐述教义方面有权威的神学家。

❸ 通过列举说明和排比句式，说明老师身兼数职，是个很能干的人。但同时也充分说明了他的时间已经被瓜分成无数块，精力有限，无暇顾及学生的教育问题，不难想见学习成效之差。
（列举说明　排比句）

就是老师，教室是一个难以形容的屋子，因为那屋子用处太多了：它既是学校，又是厨房；既是卧室，又是餐厅；既是鸡窝，又是猪圈。

在这间屋子里，有个很宽的梯子通到楼上去，屋里只有一扇朝南的窗，又小又矮。阳光就透过窗户洒进来，站在窗边，你会发现这是一个散落在斜坡上的村落。窗户对面的墙上有一个壁龛，里面放着一个油亮的铜壶，我们口渴的时候就用铜壶倒水喝。墙壁上挂满了各种色彩不协调的图画，其余的地方就放着盐罐、铁铲等一些零碎的杂物。

好在我们的教室后门外就是庭院。在那里，一群小鸡围着母鸡在扒土，小猪们自由自在地打着滚。母鸡倒是常带着它的小鸡雏们来看我们。我们每个人都会热情地剥一些面包来招待这些毛茸茸的小客人，然后美滋滋地看着它们吃东西。有时候，小猪也会偷偷溜进来，摇着小尾巴在我们的腿间窜来窜去，用又冷又红的鼻子拱我们的手掌，来找点吃剩的面包屑。（作者用饱含深情的语言来描述动物，通过“溜”“摇”“窜”等一连串动词，让它们在纸上活灵活现，仿佛近在眼前。）

在这样的一个学校里，我们能学到些什么呢？我们的学习常常被一些无足轻重的小事打断，一会儿老师和师母去看锅里的马铃薯了，一会儿小猪的同伴们叫唤着进来，一会儿又是一群小鸡忙不迭地奔进来。就这样，我们常常忙里偷闲地看一会儿书，实在学不到什么知识。

大家都说我们的老师是个很能干的人，的确，他很能干，但他绝对算不上一个好老师，因为他实在太忙了，根本顾不上我们：[他替一个出门的地主保管着财产；他照顾着一个极大的鸽棚；他负责指挥干草、苹果、栗子和燕麦的收割和采摘；他还是个剃头匠，为好多人剃头；他又是个打钟的能手，时常要到教堂里去打钟；他还是唱诗班里的一员。]③

瞧，这样一个学校，这样一个老师，我那尚未充分表现出来的热爱昆虫的个性，几乎要枯萎并永远消失了。可事实上，这种个性的种子生命力极其顽强，永远在我的血液里流动着，一有机会就会激发出来。

当时对我们而言，露天学校有着更大的诱惑力。当老师带着我们去消灭黄杨树下的蜗牛的时候，我却常常不忍心下手。在捉到了满手的蜗牛后，我的脚步便迟缓起来了。这些蜗牛是多么美丽啊！后来，在帮老师晒干草的日子里，我又认识了青蛙。青蛙用自己做诱饵，引诱着河边巢里的虾出来。在赤杨树上，我捉到了青甲虫，它的美丽使蔚蓝的天空都为之逊色。（感叹大自然造化之神奇。）在收集胡桃的时候，我在一块荒芜的草地上找到了蝗虫，它们的翅膀长得像一把扇子，红蓝相间的颜色让人眼花缭乱。无论在什么地方，我都能得到精神食粮，自得其乐。我对于动植物的爱好自然也有增无减，日久弥深。

为了让我用功读书，父亲给了我一本廉价的《拉封丹（法国寓言诗人。《寓言诗》是他的代表作，共收录作品239首，其题材大多取自伊索寓言、古希腊和古印度寓言家的作品以及民间故事）寓言》，里面有许多插图，虽然插图既小又不准确，可是看起来的确很有趣。书里面的乌鸦、喜鹊、青蛙、兔子、驴子、猫和狗，都是我所熟悉的动物。在这本书里，动物会走路、会讲话，因此大大激发了我的兴趣。于是，拉封丹也成了我的朋友。后来，我上了中学、大学。在我读大学的时候，生物学是被一般学者所轻视的学科，学校方面所承认的必修课程是拉丁文、希腊文和高等数学。即使如此，我也从来没放弃过自己的爱好。

毕业后，我被派往埃杰克索书院教物理和化学。那个地方离大海不远。这对我的诱惑力实在太大了。那包容着无数新奇生物的海洋，那海滩上美丽的贝壳，还有番石榴树、杨梅树和其他一些树，都足以让我研究一段时间了。

从我的故事可以看出，早在幼年时期，我就对大自然有所偏爱，而且我的观察力天生就异常敏锐。其实，无论是人还是动物，都有一种特殊的天赋。昆虫也是这样，一种蜜蜂生来就会剪叶子，另一种蜜蜂会造泥屋，而蜘蛛则会织网。（将动物拟人化，渗透着作者的人文关怀。）在人类中，我们称这种具有特殊才能的人为“天才”；在昆虫世界中，我们称昆虫所具有的这种本领为“本能”。本能，其实就是动物的天才。

名师赏析 Mingshi Shangxi

虽然祖父母、外祖父母和父母都丝毫不关心昆虫，但“我”还是对这些小生灵充满了好奇和热爱，从小就开始细心观察大自然中的一花一木、一虫一兽。正是这种渗透进血液的强烈兴趣，激发法布尔把研究昆虫当成了毕生爱好的事业。

好词好句

清苦　琐碎　毫不犹豫　玩物丧志　机警　美滋滋

忙里偷闲　眼花缭乱　有增无减　日久弥深　异常敏锐

我把脸正对着太阳，那炫目的光辉使我心醉。

在寂静的夜里，这种声音显得分外柔和。

延伸思考

1.回想一下，在这一章里，总共出现了多少种昆虫。你知道它们长什么样子吗？

2.作者在这一章里描写了他的小学教室，你的教室又是什么样子的呢？试着用简练的语言把它描述出来吧。

Chapter 04 | 第四章

螳螂

早在古希腊时期，农夫们便发现了一种奇怪的昆虫。[这种昆虫半身直起，庄严地立在被太阳灼烧的青草上，宽阔的、宛若轻纱的薄翼拖曳着，前腿如同手臂，伸向半空，好像是在向上天祈祷。]❶ 在农夫们看来，它就像是一个虔诚的[修女]❷，所以后来就有人称呼它为“祈祷者”或者“先知”。这种昆虫便是螳螂。

其实，螳螂那种貌似虔诚的姿态是骗人的，它高举着的“手臂”，似乎是祈祷用的，其实那是最可怕的利刃。无论什么东西经过螳螂的身边，螳螂都会立刻原形毕露，用它的“手臂”加以捕杀。它还专门捕食活的动物。在螳螂温柔的面纱下，隐藏着浓重的杀气。（把螳螂塑造成一个外表温柔的冷血杀手形象，渲染紧张气氛，引出下文。）

[螳螂的外表看上去相当美丽，身材纤

名师导读 Mingshi Dàodu

❶从身材和姿势两方面来描述螳螂的外表，这种拟人化的描写使得螳螂的姿态生动形象，给人留下了温柔、端庄的印象，抓住了读者的眼球。

❷指天主教、东正教中离家入修女会的女教徒，一般从事祈祷或传教等工作。

❸从身材、体态、翅膀、颈部、头、面孔几个方面对螳螂进行了详细描写，突出了螳螂的身体特征。外表越美丽，其掠食武器和方式越显得可怕，对比效果极为鲜明。

细，体态优雅，披着淡绿的外衣，托着轻薄如纱的长翼。它的颈部是柔软的，头可以朝任何方向自由转动。它甚至还有一个精致的面孔。这一切都构成了这个小动物的温柔外表。可是在螳螂优美的身体上，却生长着一对极具杀伤力和进攻性的武器。而它的身材和这对武器之间的差异，简直让人难以相信，它居然是一种温存与残忍并存的小动物。］③

仔细观察螳螂的身体，你会发现它那纤细的腰不仅非常长，还特别有力。与长腰相比，螳螂的大腿还要更长一些。而且，它的大腿下面生长着两排十分锋利的像锯齿一样的东西，这使它的大腿看起来就像有两排锯齿的刀口。（比喻形象贴切。）两排锯齿之间有一个空槽，当螳螂想要把腿折叠起来的时候，它就可以把两条小腿分别收放在这两排锯齿的中间。

螳螂的小腿上也有两排锯齿，这些锯齿比大腿上的略小一些，但更多更密。小腿锯齿的末端生长着一个尖锐的硬钩子，其锋利程度不亚于最好的钢针。钩下有一道细槽，槽上有两把刀片，看起来就像修理花枝用的那种弯曲状的剪刀。

螳螂的弯钩是一件非常有力的刺割工具，曾给我留下过火辣疼痛的回忆。（现身说法，增强说服力。）记得我到野外去捕捉螳螂的时候，经常遭到这个小动物强有力的出于自我保护的还击。所以我总是捉不到它，反倒经常中了这个小东西的“暗器”——被弯钩抓住了手，而且抓得很紧。在我们这种地方，或许再也没有什么昆虫比小小的螳螂更难对付、难捕捉的了。

其实，螳螂身上的武器、暗器很多，因此在遇到危险的时候，它可以选择多种方法来进行自我保护。这个小东西不知要比人类小多少倍，却能威胁人类。

平时，螳螂不活动的时候，只是将身体蜷缩起来，看上去似乎特别的平和。这时，你会觉得，这个小动物简直是一只热爱祈祷的性情温和的小家伙。不过，它可不总是这样的。只要它们的身边有其他的昆虫经过，不管它们是有意侵袭，还是无意路过，螳螂那副祈祷和平的相貌便会立即改变。它会立刻伸展开身体，不等那个过路者完全反应过来，它便已将对方收服在利钩之下了。（采取了欲抑先扬的写作手法，静态描写和动态描写相结合，通过对比突出螳螂本领非凡，不可貌相。）

［那可怜的小虫被重重压在螳螂的两排锯齿之间，动弹不得。然后，螳螂再用力把钳子夹紧，一次战斗就这样结束了。］❶ 无论是蝗虫，还是蚱蜢，甚至其他更加强壮的昆虫，都无法逃脱这四排锋利的锯齿，一旦被捉，只能任由宰割。这样看来，螳螂简直是个厉害的杀虫机器。

要想到野外去详尽地研究、观察螳螂的习性，那几乎是不可能的。所以，我不得不把螳螂拿到室内来进行观察、分析和研究。我把抓来的螳螂放在一个用铜丝网盖住的筐里面，再往筐里撒上一些沙子，螳螂便会在里面生活得十分快乐和满足。雌螳螂的胃口很大，喂养时间又比较长，所以养起来不那么容易。我几乎每天都给它们更新食物，但大部分都被它们浪费了。

［它们生活在野外可比这节俭多了，那里猎物少，不管抓住什么都会吃个精光。而在我的筐里，它们却挥霍无度，肥美的肉经常是才被吃了几口，就被丢到一边，再也无人问津。看来，它们是想借此排解被囚禁的郁闷。］❷ 为了应付这种浪费，我用面包和西瓜等收买几个邻居家的孩子，让他们帮我到草地里捕捉一些活蹦乱跳的蝗虫或蚱蜢，以给我那些“囚犯”们补充一些野味。

我想要做一些实验，测量一下螳螂的力气究竟能有多大，所以，我不仅仅给螳螂喂一些活的蝗虫和蚱蜢，还必须喂给它们一些大蜘蛛，以使它们的身体更加强壮。

当我看到螳螂在我为它安排的筐里向所有放到它面前的昆虫勇敢地进攻时，我就相信，它在野外也会这样攻击它的猎物。有一次，我看到一只不知天高地厚的灰蝗虫朝着螳螂迎面跳了过去。螳螂立刻表现出异常愤怒的神情，接着迅速地摆出了一系列令人意想不到的姿势，使得那只本来无所畏惧的小蝗虫立刻恐惧起来。

螳螂当时的样子，我敢肯定，你从来也没有见到过：（和读者交流，拉近与读者的距离，同时制造悬念，引出下文。）［螳螂极力张开它的翅膀，使它的翅直立得好像船帆一样，竖在它的后背上。紧接着，螳螂将身体的上端弯曲起来，样子很像一根弯曲着手柄的拐杖，并且不时地上下起落着。不光是动作奇特，与此同时，螳螂还发出一种声音，特别像毒蛇喷吐气息时发出的声响。它已经把身体的前半部完全都竖起来了，那对所向披靡的前臂也早已张了开来，露出了黑白相间的斑点。显然，它已经摆出了一副时刻迎接挑战的姿态。］❸

螳螂在做完这一系列动作后，便一动不动，眼睛瞄准它的敌人，死死盯住对手，随时准备冲上前去，展开激烈的战斗。哪怕那只小蝗虫稍微移动一点儿距离，螳螂都会马上把它

名师导读 Mingshi Daodu

❶ "可怜" "重重压在" "动弹不得" "夹紧"，通过几个准确的形容词和动词，写出了小虫的被动处境与绝望之情。

❷ 通过进食的对比，把螳螂失去自由之后的失落、任性描写得生动有趣，像作者甚是怜爱的小宠物。

（对比手法）

❸ "张开" "竖" "弯曲" "起落" 等一系列动词的运用渲染出了紧张的气氛，加上比喻手法的运用，将螳螂遇到敌人时的姿态展示得活灵活现。

（用词准确）

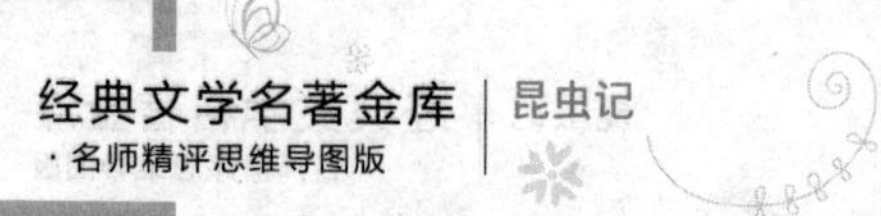

的头转向新的目标位置，目光始终不离开蝗虫。

螳螂这样死死地盯着对方，主要就是利用对方的恐惧心理先吓住对手，再继续把更大的惊恐印入对手的心灵深处，给予其更大的压力。

螳螂精心设计的这个作战计划是非常成功的。因为那只原本天不怕地不怕的小蝗虫已经不知所措了，甚至都想不起要跳起来逃跑，只是呆呆地看着眼前这个阴阳怪气的家伙。

可怜的小蝗虫害怕极了，怯生生地伏在原地，不敢发出半点声响，生怕稍不留神，便会命丧黄泉。在它最害怕的时候，它甚至莫名其妙地向前移动，靠近螳螂。这只可怜的小虫居然恐慌到了自动去送死的地步。（巧用形容词和动词，写出了蝗虫的绝望和无助，让人心生怜悯。）

螳螂这种虚张声势地摆出一副凶猛的架势，利用心理战术和对手周旋的做法实在令人惊叹。它可真算得上是昆虫世界的心理专家了！（作者对螳螂的心理和御敌之术揣摩得如此透彻，又何尝不是个厉害的昆虫心理学家呢？）

当那只蝗虫靠近时，螳螂就会毫不客气地立刻动用它的武器。无论那只小蝗虫怎样顽强抵抗，也无济于事了。接下来，这个残暴的魔鬼胜利者便开始得意地咀嚼它的战利品了。看来，像秋风扫落叶一样地消灭敌人，是螳螂一生遵循的信条。不过，让我诧异的是，就是这么一只小个儿的昆虫，竟然如此贪吃，能一口气吃掉比它个头儿还大的蝗虫。

那些爱掘地的黄蜂们，也常常会成为螳螂的美餐。螳螂经常出没于黄蜂的地穴附近。因此，在黄蜂的窠巢周围看到螳螂的身影屡屡出现，便不足为奇了。

螳螂总是埋伏在蜂巢的周围，等待时机。说不定它还会获得双重报酬呢。为什么这么说呢？原来，有的时候，螳螂等待的不仅仅是黄蜂本身，黄蜂自己也常常会携带一些属于它们自己的俘虏回来。这样一来，对于螳螂而言，不就是双份的俘虏、双重的报酬了吗？（自问自答，增强可读性和趣味性。）不过，螳螂并不总是这么走运的，也有不太幸运的时候。

有时，螳螂也会很长时间什么都等不到，无功而返。这主要是因为黄蜂已经有所疑虑，所以有了戒备之心。但是，那些个别掉以轻心的黄蜂，就会被螳螂看准时机，一举抓获。

让我们来看看那些命运悲惨的黄蜂是怎样遭遇螳螂的毒手的吧：有一些刚从外面回家的黄蜂，由于粗心大意，它们对早已埋伏起来的敌人毫无戒备。当突然发现大敌当前时，便会猛地被吓一跳，心里稍一迟疑，飞行速度忽然减慢下来。（运用拟人手法，塑造了一个冒冒失失、稀里糊涂的黄蜂形象，让人不由得为它捏把汗。）但是，就在这千钧一发的关键时刻，螳螂的行动简直是迅雷不及掩耳，迅速动用前臂和上臂的锯齿。于是，黄蜂一瞬间便坠入那个两排锯齿的捕捉器中。螳螂往往就是这样出其不意，以快制胜的。接下来，那个不幸的牺牲者就会被胜利者一口一口地吃掉，成了螳螂的又一顿美餐。

有一次，我曾看见过这样有趣的一幕。有一只黄蜂，刚刚俘获了一只蜜蜂，并把它带回自己的储藏室里，享用起这只蜜蜂体内的蜜汁来。

不料，正在它吃得高兴的时候，遭到了一只凶悍的螳螂的突然袭击。它无力还击，便束手就擒了。这只黄蜂正在吃蜜蜂的嗉囊里储藏的蜜，而螳螂的双锯在不经意中已经有力地夹在了它的身上。可是，就在这被俘虏的关键时刻，无论怎样的惊吓、恐惧和痛苦，竟然不能让这只贪吃的小动物停止继续吸食蜜蜂体内的蜜汁。它依然在舔食着那芳香诱人的蜜汁。这真是太奇异了，真是“人为财死，鸟为食亡”啊！（至死都在贪吃的小昆虫，可悲可叹，其中的哲学意味更是发人深思。）

螳螂，这样一种凶狠恶毒、犹如魔鬼一般的小动物，它的猎食范围并不仅仅局限于其他种类的昆虫。它的气质虽然特别神圣，但是，或许你想不到，它还是一种同类相残的动物。也就是说，螳螂是会吃螳螂的，甚至会吃掉自己的兄弟姐妹。（总结上文，制造悬念，同时引出下文。）

因为地方有限，我经常把十几只雌螳螂放在一起。一开始，它们还和平相处，但是随着螳螂的肚子一天天隆起，交配和产卵的时节临近了，它们就变得暴躁起来。（情节步步推进，陡生悬念。）

于是，筐内出现了那幽灵般的姿势，雌螳螂之间展开了一场又一场搏斗与厮杀。［我亲眼看到，两只雌螳螂不知道因为什么，就各自直起身子，摆出了战斗的姿势。它们的脑袋左右转动，彼此用挑衅的目光对望着，翅膀摩擦着肚子，发出“扑扑”的声音，仿佛吹响了战斗的号角。如果这场搏斗只是轻微的交锋，那后果不会太严重。双方把锋利的前爪像书页一样张开，放到两侧，护住胸膛——不得不说，这是一个漂亮的姿势。接着，螳螂的一只弯钩会突然松开并伸直，抓住对方。双方一交锋，便各自迅速后退，重新摆出防守的姿势。只要一只螳螂轻微受了点伤，就会自动认输、撤退，得胜的一方也偃旗息鼓，退到一旁去伏击蝗虫了。］❶

它们表面上归于平静，实际随时都准备着重新开始战斗。很多时候，战斗的结局都非常惨烈。它们摆出毫不留情、决一死战的姿势，锋利的前爪张开着伸向半空。一番激战后，可怜的战败者就会被对手用钳子夹住，成为对手的一顿美餐。

［而且，螳螂在吃同类的时候，面不改色心不跳，十分泰然自若，那副神情，简直和它吃蝗虫、吃蚱蜢的时候没什么两样，仿佛这是天经

地义的事情。]❷

并且此时，在食同类的螳螂旁边围观的观众们也没有任何反应，没有任何阻止的行动。不仅如此，这些观众还纷纷跃跃欲试，时刻准备着，一旦有了机会，它们也会做出同样的事情，也同样毫不在乎，仿佛这一切都十分自然似的。

更令人吃惊的是，螳螂甚至还具有食用自己丈夫的习性。这可真让人吃惊！在吃自己丈夫的时候，雌螳螂会咬住丈夫的头颈，然后一口一口地吃下去。最后，剩下来的只是它丈夫的两片薄薄的翅膀而已。这真令人难以置信。

[螳螂真的是比狼还要狠毒十倍啊！即便是狼，也不吃它们的同类。这样看来，螳螂真的是很可怕的动物了！]❸

虽然螳螂如此凶猛可怕，有那么凶恶的捕食方法，甚至以自己的同类为食，但螳螂也和人类一样，不只有缺点和不足之处，还拥有很多独有的优点。比如，螳螂能建造十分精美的巢穴，这便是螳螂众多优点中很突出的一个。（通过总结螳螂的可怕之处，再进一步引出螳螂的优点，过渡自然，衔接巧妙。）

螳螂建造的窠巢，在有太阳光照耀的地方随处都可以找得到。比如，石头堆里、木头块

名师导读 Mingshi Daodu

❶作者观察细致、笔法细腻，所以写起螳螂的打斗来紧密有致、流畅自然、可信可感，无论是动词的运用，还是拟人化的姿态，都让人如临其境、感到紧张刺激。（细节描写）

❷看似平静的描述，实则震撼人心，起到了于无声处听惊雷的效果。

❸列举螳螂的诸多“恶行”，以及和其他动物对比，使得这个结论十分具有说服力。同时，也与文章开篇形成了强烈对比，让人瞠目结舌。

下、树枝上、枯草丛里、一块砖头底下、一条破布下，或者是旧皮鞋的破皮子上面等。总之，在任何东西上，只要那个东西上有凸凹不平的表面，都可以作为螳螂巢非常坚固的地基。

螳螂的巢，大小有一两寸长，不足一寸宽。巢的颜色是棕黄色的，样子很像一粒麦子。（巧用比喻。）这种巢是由一种泡沫很多的物质做成的。但是，不久以后，这种多沫的物质就逐渐变成固体了，而且慢慢地变硬了。螳螂巢的形状各不相同。这主要是因为巢所附着的地点不同，因而巢随着地形的变化而变化。但是，每个巢的表面总是凸起的，这一点是不变的。

整个螳螂巢大概可以分成三个部分。其中的一部分是由一种小片做成的，并且排列成双行，前后相互覆盖着，就好像屋顶上的瓦片一样。（巧用比喻，形象直观。）这种小片的边沿有两行缺口，是用来作门路的。小螳螂在孵化出来以后，就是从这个地方跑出来的。至于其他部分的墙壁，全都是不能穿过的。

螳螂的卵在巢穴里堆积成好几层，每一层卵的头都是朝向门口的。上面我已经提到过了，那道门有两行，分成左、右两边。所以，在这些幼虫中，有一半是从左边的门出来的，另一半则从右边的门出来。

雌螳螂在建造这个十分精致的巢穴的时候，也正是它产卵的时候。这时，雌螳螂会排出一种非常有黏性的物质，在排出来以后，便会同空气互相混合在一起。然后，雌螳螂会用身体末端的小勺，把这种物质打起泡沫来。这种动作，特别像我们用叉子搅打鸡蛋蛋白一样。（动作拟人化，比喻形象贴切。）打起来的泡沫是灰白色的，与肥皂沫十分相似。

开始的时候，泡沫是有黏性的。但是过了几分钟以后，黏性的泡沫就变成了固体。雌螳螂就是在这种泡沫的海洋中产卵、繁衍后代的，每当产下一层卵以后，它就会往卵上覆盖上一层这样的泡沫。

在新建的巢穴的门外面，还有一层材料，它把这个巢穴封了起来。看上去，这层材料和其他的材料并不一样，那是一层多孔、纯洁无光的粉白状的材料。这与螳螂巢内部其他部分的灰白颜色是完全不一样的。就好像面包师们把蛋白、糖和面粉搅和在一起，用来做饼干外衣的混合物一样。（巧用打比方，使螳螂巢穴外的颜色直观生动。）这样一种雪白色的外壳，是很容易破碎的，也很容易脱落下来。它的作用就是为巢内的卵抵挡严寒。当这层外壳脱落下来的时候，螳螂巢的门口就会完全裸露在外。每当寒冬过后，这层外壳就会逐渐被风雨剥蚀成小片，完全脱落下去。所以，在旧巢上，就看不到它的痕迹了。

有一种椎头螳螂是较为奇特的昆虫，它们和普通螳螂一样大，巢却非常简朴，里面没有多少巢房，只相互紧挨着排成并列的三四行而已。虽然它们的巢和普通螳螂的一样，也是建在露天的树枝或石块上，但完全没有泡沫外壳的保护。这是因为椎头螳螂的卵在产后很快就会孵化，不会遭遇寒冬的侵袭，所以只要一层薄薄的外套就可以了。

螳螂筑巢是从圆盾的一端开始，到尖细的一端结束的。整个筑巢过程大概需要两个小时，中间没有片刻的停顿。但是产完卵以后，雌螳螂就洗手不干了，毫不关心地跑走了。

我总是对它抱着一线希望，希望它能回过头来看一下，以便表示一些它对整个家族生产地的爱护和关切之情。但是，我的这个希望总也得不到实现。（代入“我”的主观感受，使读者也感同身受，用被遗弃的小螳螂来凸显母螳螂的无情无义。）雌螳螂丝毫没有做母亲的喜悦，一旦巢筑成，一切便与它无关。即使有蝗虫走过来，在它的巢上爬来爬去，它也对这位不速之客视而不见。我想如果有其他昆虫上来把巢穴撕裂，雌螳螂照样会无动于衷。所以，根据这一事实，我便得出了这个结论：螳螂都是些没有心肝的东西，净干一些残忍、恶毒的事情。它不但以自己的丈夫为食，还会抛弃自己的子女，弃家出走且永不回归。

螳螂卵的孵化，通常都是在有阳光的地方进行的，时间大约是在六月中旬，上午十点钟左右。和蝉一样，为了方便和安全起见，幼小的螳螂刚一降临到这个世界上来，的确有穿上一层结实的外套的必要。如果幼虫打算从巢穴中非常狭小而又弯曲的那条小道里爬出来，而且它想要完全地把自己的小腿伸展开来，那是一件不太可能的事。这主要是因为，如果它完全伸展开身体，高高翘起那尚还缺乏力量的用来杀戮敌人的长矛，然后再竖立起它那十分灵敏的触须，那么它自己就完全把道路给堵住了，根本不可能从通道中爬出来。正因为如此，这个小动物，在它刚刚降临到这个世界上的时候，它是被团团包裹在一个襁褓（本义是包婴儿的被、毯等物，后来也以此指未满周岁的婴儿）之中的，形状就好像一只小船。

在小幼虫刚刚降生，出现在巢中的薄片下面不久之后，它的头便逐渐地变大，一直膨胀到形状像一粒水泡为止。这个有力气的小生命，在出生后不久，就开始靠自己的力量努力生存。它一刻也不停地一推一缩地解放着自己的躯体。就这样，每做一次动作，它的脑袋就要稍稍变大一些。最终的结果是，它胸部的外皮终于破裂了。于是，它便更加努力，摆动得更剧烈，也更快了。看来，它是下定决心要义无反顾地挣脱掉这一件外衣的束缚，想马上看到外面的大千世界究竟是什么样子的。渐渐地，首先得到解放的是它的腿和触须。然后，又进行了几次摆动与挣扎以后，终于它的目的和企图就完全实现了。（一推一缩、解放、破裂、摆动、挣扎……精确的动作描写和细腻的心理刻画，将小螳螂强烈的求生欲望表现得淋漓尽致，让人不得不感慨它们生存本能之强大。）

有几百只小螳螂，它们同时团团地拥挤在不太宽敞的巢穴之中，这场景，倒真的算得上是一种不可多得的奇观呢！当巢中的螳螂幼虫还没有集体打破外衣，变成螳螂的形态之前，首先暴露出它的那双小眼睛，就像两个大大的黑点。

就好像存在什么统一行动的信号一样，每当这信号一传达出来，速度就非常之快，几乎所有的卵差不多在同一时刻孵化出来，一起打破它们的襁褓，从硬壳中抽出身体来。因此，也就是在一刹那之间，无数个幼虫一下子集合起来，如同召开大会一般，挤满了那有限的空间。它们近乎狂热地爬动着，或是不小心跌落，或是使劲地爬行到巢穴附近的其他枝叶上面去。再过几天以后，就会在巢穴中又发现一群幼虫，它们同样要进行与前辈们相同的工作，直到它们全都孵化出来。于是，繁衍就这样不停地继续下去。有一点非常不幸！这些可怜的小幼虫孵化到了一个布满危险与恐怖的世界上来。它们的母亲完成了筑巢、产卵的工作后，便头也不回地离去了。这些还不知道什么叫危险的小幼虫，常常会在此时惨遭杀戮。（既呼应了上文母螳螂的残忍无情，又引出了下文小螳螂的命运，起承转合，推波助澜。）

螳螂幼虫的最具杀伤力的天敌就是蚂蚁。几乎每一天，我都会有意无意地看到一只只蚂蚁光临螳螂巢穴的洞口。它们非常有耐心，而且信心十足地等待时机的成熟，以便立即采取先下手为强的行动。我一看到它们，就千方百计地帮着螳螂驱赶它们。（体现了“我”的仁慈与悲悯之心，对每一个无辜的生命都心怀敬重。）可是，无济于事。我的能力经常都驱逐不了它们，因为它们常常是先人一步，抢先占据了有利的位置。看来，蚂蚁的时间观念还是很强的。不过虽然它们早早就静候在大门之外，可它们却很难深入到巢穴的内部去。这主要是因为螳螂巢穴的四围有一层硬硬的厚壁，这便形成了十分坚固的壁垒，蚂蚁对此束手无策。所以，它们能做的就是埋伏在巢穴的门口，静候着它们的俘虏。此时，螳螂幼虫的处境实在是非常危险。只要它们一不小心跨出自家大门一步，马上就会坠入深渊，葬送自己的性命。（通过塑造“敌我矛盾”，来突出小螳螂的悲剧性命运，它们的生存环境可谓危机四伏。）

不过，这样的情形并不会持续很长时间。因为，遭到不测的只是那些刚刚从卵中孵化出来的幼虫而已。当这些幼虫开始和空气接触以后，用不了多长时间，便会马上变得非常强壮。这样一来，幼虫就具备了自我保护的能力，再也不是任人宰割的可怜虫了！

事实上，螳螂的敌人，不只是这些小个子的蚂蚁，还有许多其他动物。这些天敌可不是那么容易就能被吓倒的。比如说，那种居住在墙壁上面的小型的、灰色的蜥蜴，就很难对付。对于小螳螂的自卫和恐吓的姿势，蜥蜴是全然不在意的。蜥蜴攻击螳螂主要是用它的舌尖，一个一个地舐起那些刚刚幸运地逃出蚂蚁之口的小昆虫。

其实在螳螂的卵还没有孵化出来以前，那些小生命就已经处于万分危险之中了。一只小个儿的野蜂随身携带着一种刺针，其尖利的程度，足可刺透螳螂那由泡沫硬化以后而形成的巢穴。于是，螳螂的卵就会受到侵略者的骚扰，被侵略者吸食掉。比如说螳螂产下一千枚卵，那么，最后剩下来的，没有遭受厄运而被残酷地毁灭的，大概也就只有两枚而已了。

这样一来，便形成了下面这条食物链。螳螂以蝗虫为食，蚂蚁又会吃掉螳螂幼虫，鸡又会把蚂蚁当成食物。等到了秋天的时候，鸡长大了，长肥了，人又会把鸡做成佳肴吃掉。这可真是有趣！（用轻松的笔调揭示出“大鱼吃小鱼，小鱼吃虾米”的自然界规律。）

世界本来就是一个永无穷尽循环着的圆环。各种物质完结以后，在此基础上，各种物质又纷纷重新开始一切。从某种意义上讲，各种物质的死，就是各种物质的生。这是一个十分深刻的哲学道理。

名师赏析 Mingshi Shangxi

对于我们而言，螳螂是一种常见的昆虫，但作者所描述的螳螂之形态、生活习性、筑巢本领等，又是我们闻所未闻、见所未见的，无异于一堂生动的科普课。在这一章中，作者的观察细致入微，对素材的处理详略得当，对情节的描写也是疏密有致，让文章一波三折，悬念迭起，引人入胜。同时，作者以人性关照虫性，用看似不经意的文字揭示出很多深刻的道理，使文章闪烁出智慧的光芒。

● 写作借鉴

1.比喻手法：作者大量采用比喻手法，将抽象的动作、景物等具体化、形象化，增强了文章的可读性和趣味性。

2.欲抑先扬：作者在写螳螂的习性时，采取了欲抑先扬的手法。开篇铺设螳螂优雅的体态、美丽的外表和虔诚的姿势，让人误以为这是一种温柔可爱的小生灵。后文又大量描写螳螂捕食之残忍和同类相残、抛弃子女之无情，让人大跌眼镜，使得文章看点十足。

● 延伸思考

1.你见过螳螂吗？你知道全世界大概有多少种螳螂吗？它们各有什么特点？查阅一下科普资料，和身边的朋友一起来探讨一下吧。

2.你了解螳螂的食性吗？除了蝗虫、蜜蜂，它们还吃什么？

Chapter 05 | 第五章

蝗虫

“孩子们，明天早晨，太阳没升上头顶之前，做好准备，我们去抓蝗虫！”这个消息准能让全家人兴奋起来。

孩子们会梦见什么呢？蝗虫的蓝翅膀、红翅膀像扇子一样张开，它们带有锯齿的天蓝色或玫瑰红的长腿在人的手上乱踢乱蹬，它们粗粗的后腿可以跳得很远，就像从弹射器里弹射出来的一样……（细致生动地描写了蝗虫的外貌特征。）这样的梦，我也做过。

一天上午，我们一起来到草坡上，我的小帮手一下子就抓到了几只蝗虫，这对大家是个极大的鼓舞。走在被太阳晒得焦硬的草坡上，寻找着蝗虫的身影，多么令人难忘啊！我的孩子小保尔特别机灵，眼光也厉害。他搜寻着四季常开的花簇，仔细查看着灌木丛，突然，一只胖胖的灰蝗虫受到惊吓，像受惊的雏鸟一样猛地跳出来。（写出了蝗虫的憨态可掬，同时说明蝗虫具有较强的警惕性。）起初，小保尔健步如飞地追赶着猎物，但没过一会儿却只能目瞪口呆地停下步子，眼睁睁地看着那家伙像云雀一样远远地逃走了。他失望极了，不过下一次他会幸运一些，要是不捉住几只漂亮的小家伙，我们是不会回家的。

比保尔小一点的玛丽·波利娜则耐心地寻觅着黄翅膀、后腿胭脂色的意大利蝗虫，终于，她看到了一只她最喜欢的那种擅长跳跃的小虫。

它着装优雅，背部有四条白色斜线，“制服”上点缀着几块铜绿色的斑点，就像是古钱币上的绿锈样。玛丽·波利娜举起小手，轻轻靠近。啪！抓住了。她赶紧把它放进事先准备好的纸袋里。就这样，一只接一只，蝗虫装满了我们带去的纸袋和盒子。在太阳还没有热到不可忍受之前，我们便高高兴兴地回家了。

我们都知道蝗虫声名狼藉，是出了名的害虫。那它们该不该受到这种指责呢？（以设问的形式引出下文。）

在一般人看来，蝗虫凶狠贪吃，可我觉得它的益处多于害处。比如它能啃掉绵羊啃不动的植物上的芒刺，吃作物间的杂草，以利于农作物的生长。它所吃的是一般动物不吃的东西。即使是在菜园里，它也不过是咬坏几片莴苣叶而已。我们不能光揪住它咬坏菜叶这件事不放，从而否定它、伤害它，否则就是目光短浅，是不公平的。

下面我们来看看蝗虫是怎样落入“虎口”贡献自己生命的吧！每年的九十月份，火鸡（学名吐绶鸡，原产自北美洲。它是一种不会飞的鸟，雄鸟的白色肉垂在繁殖期间会变成火红色，所以叫火鸡）会被人赶到地里觅食，尽管此时地里的庄稼早已收割完毕，也很少有其他植物，但火鸡却都能吃得饱饱的，长得肥肥的，其食物就是蝗虫。火鸡们这儿扑几只，那儿扑几只，很快就美滋滋地把嗉囊填满了。而到了圣诞之夜，人们在传统餐桌上吃到的肥美烤火鸡，有一部分就是靠这秋天里不用花钱而又美味可口的天然美食喂养而成的。（揭示了自然界的食物链关系，彰显蝗虫的价值。）

再如珠鸡、母鸡，它们也都是主要吃蝗虫这种高营养价值的食物，从而长肉产蛋的。除了家禽，许多其他动物也都喜欢吃蝗虫，如红胸斑山鹑、白尾鸟、眼状斑蜥蜴、小壁虎，还有一些鱼类。（分类列举，叙述有条理，科学严谨。）

人类不仅通过吃火鸡等动物间接吃蝗虫，还有人直接吃蝗虫。一个阿拉伯作家在他的《大沙漠》一书中记述过人吃蝗虫的经过，其中说到一个焚毁亚历山大图书馆的野蛮人要吃满满一篮子蝗虫。在以前，由于生活条件的限制，人吃蝗虫更是顺理成章了。小的时候，我和其他孩子一样，也曾生嚼过蝗虫的大腿，那也挺有滋味的。

蝗虫在制造食物方面扮演着重要角色，它们成群结队地大量繁殖，在贫瘠的旷野中觅食，把无用的东西变成自己的食物，然后又把自己贡献给许多消费者享用。

这种大有用处的昆虫，还拥有表达欢乐的乐器。［阳光下，一只正在休息的蝗虫沉浸在幸福之中，它一边消化着食物，一边沐浴着温暖的光辉。它的琴弓（乐器的附加物，形如弓。如今的琴弓配合小提琴使用，渐成为一种独奏乐器）突然发出声响，重复三四下后便奏起了它的乐曲。它是用粗壮的后腿弹奏的，时而用这只，时而用那只，时而两只并用，在身体两侧弹奏着。］❶

只是它这乐器简陋了一些，发出的声音也很微弱。我只能借助小保尔的耳朵才能确认它的确发出了声响，那声音就像是用针尖在纸上滑过一样，（比喻形象贴切，突出了其细小微弱的特点。）非常细微。

以意大利蝗虫为例，它的后腿上下呈流线型，且有两条竖的粗肋条，十分明显。这些肋条都是光滑的，它的鞘翅的下部边缘便起着琴弓的作用。［发声时，蝗虫会抬高、放低它的腿，并激烈地颤动着。它对自己的成果心满意足，就像我们人类感觉满意时会摩擦双手一样，它摩擦自己的腹部两侧，是它表达生活快乐的方式。］❷

当天空有云翳、太阳时隐时现的时候，我们来观察一下蝗虫吧。

在一缕阳光透过云层之时，蝗虫立刻就会摩擦后腿，阳光越温暖，它摩擦得就越剧烈。它的曲子一般都很短，但只要有太阳照着，新的小曲就会不断地响起。而当太阳隐进云层的时候，歌声就会戛然而止，直到阳光再一次透出云层。很显然，蝗虫很喜欢阳光，它的歌声是表示自己安乐惬意的方式。（总结上文，点评到位。）

但并不是所有的蝗虫都用摩擦来表示欢乐，有的甚至不发声。如长鼻蝗虫有一双不成比例的细长后腿，即使沐浴在温暖的阳光之下，它依然看上去闷闷不乐，一声不响。我从没见过它的后腿像拉琴似的来回摩擦，虽然它的腿是那样长，但除了跳跃，没有其他用途了。

灰蝗虫同样也生长着一双细长的后腿，它也是不会发声的。不过，它有自己独特的表达快乐的方式。在阳光普照的温暖天气里，我经常看到灰蝗虫穿梭在［迷迭香］❸丛中，展开翅膀飞快地扑打上几十分钟，似乎要腾空而去一般。不过，因为它的翅膀扇动的声音太轻，所以几乎无法察觉。

而步行蝗虫在这方面就更没有天赋了。它是一种生活在阿尔卑斯山区的小家伙。［阿尔卑斯地区遍地长着帕罗草，像铺着一张硕大的

名师导读 Mingshi Daodu

❶用拟人化手法，写出了蝗虫的惬意和快乐，极富情态。三个“时而”的排比句式也表现了蝗虫的从容与随意，笔调轻松欢快，富有韵律感。
（拟人手法）

❷用类比手法来描写蝗虫发声的方式，直观形象，可见作者观察之细致。
（类比手法）

❸一种常绿灌木，植株直立，主茎高约1米，有的可达2米。这种植物开淡蓝色小花，叶狭细，带有茶香，味辛辣微苦。迷迭香叶可作为食物调料使用。

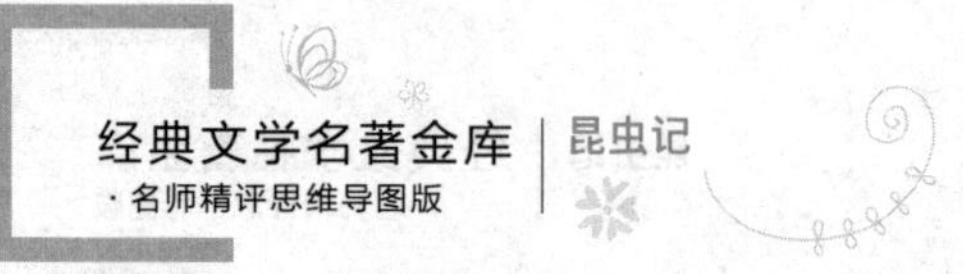

银色地毯，步行蝗虫就在上面溜达散步。] ❶

在高山地区，阳光较为充足，这使步行蝗虫穿上了一件简洁又优雅的礼服。（借喻手法，形象地展示出蝗虫的仪态。）它的浅棕色的背非常光滑，腹部呈黄色，粗壮的大腿下部呈珊瑚红色，后腿则是非常美丽的天蓝色，前端还佩戴着一枚好似象牙的"镯子"。尽管这类昆虫如此优雅，但它摆脱不了幼虫的形态，直到成年也依然身穿短装。

它的鞘翅像两片粗糙的西服下摆，彼此距离很远，长度仅能超过腹部的第一节。它的两片翅膀更加小得可怜，似乎尚未发育齐全。所有这一切只能勉强遮住其腰部以上的裸露地方，以至于初次见到的人会把它当成幼虫。直到生命的尽头，它会一直穿着这身短小轻薄的衣裳，简直跟没穿衣服没什么两样。（用戏谑的口吻制造幽默效果，增强文章的趣味性。）

是不是因为步行蝗虫这身短小精悍的打扮，才导致它不会唱歌的呢？答案是肯定的。步行蝗虫的后腿非常粗壮，可以当琴弓，但它没有凸出的鞘翅来作为摩擦时发音的空间，所以它完全不能发声。我想，它一定有其他办法来表达自己的欢乐并召唤情侣，是什么办法呢？我就不得而知了。

顾名思义，步行蝗虫只能步行，而不能飞行。我始终不知道它为什么没有飞行器官，它拥有鞘翅和翅膀的萌芽，但是它们没有从那短小的外衣下解脱释放出来。它一直蹦蹦跳跳着，似乎满足于步行，没有更大的抱负。（以人类的心理来推测步行蝗虫不能飞行的原因，调动读者的积极性，参与探寻谜底的过程。）[难道是因为进化停止了吗？如果可以这样解释的话，那又是什么导致了进化的停止呢？] ❷ 没有人能回答这个深奥的问题。

生殖繁衍是大自然的规律，像蝗虫这类昆虫也是如此。我们就来看一看蝗虫产卵的情况吧。（转移话题，自然过渡到下文。）

意大利蝗虫是我家附近最为狂热的跳跃昆虫。它身材矮小，踢腿有力，短短的鞘翅仅能勉强盖住整个腹部。这种蝗虫大都穿着橙红色带灰色斑点的外衣。

将近八月底，在阳光的爱抚下，这类蝗虫开始在沙地上产卵了。它慢慢用力，将圆钝形的肚子垂直插入沙中，直到完全埋进去。由于缺少钻孔工具，这个过程相当艰难。但它会依靠坚忍不拔的毅力，最终使肚子到达目的地。（难度越大，越能凸显蝗虫的繁殖本能之强。）

［当它身体的一半插在沙里时，那就是安顿好了。它的上身微微抖动，伴随着有节律的间歇，显然这是用力排卵的缘故。它的后颈也表现出一阵阵搏动，使头部一起一落地晃动着。除了头部，它能看得到的后半截身子是纹丝不动的，因为产妇正专心致力于分娩工作。这时往往有一只公蝗虫在附近担任警卫工作，其间也会有一两只胖乎乎的母蝗虫好奇地跑来参观，观众似乎对自己同胞正在努力做的事情很感兴趣，也许它们在想："很快就轮到我了。"］❸

母蝗虫一动不动地坚持四十来分钟后，就会猛地挣脱出来，看也不看它的卵一眼，甚

名师导读 Mingshi Daodu

❶用"地毯"的比喻来突出草地的厚实和茂盛，可见步行蝗虫的生活环境有多优越。同时用"溜达散步"的拟人化手法，写出了步行蝗虫的从容惬意。
（比喻手法 拟人手法）

❷用问句吸引读者的注意，并启发读者思考。

❸"插""抖动""搏动""一起一落""晃动"，一系列动词准确而生动，表现了母蝗虫的尽职尽责和专心致志。作者将围观者拟人化，用丰富的联想让蝗虫的世界充满了奇幻色彩，引人入胜。
（联想）

至也不扫扫沙土把洞口遮住，就走开了，这实在不是一个慈母所为。而黑面蝗虫就不同了，它的产卵姿势跟意大利蝗虫一样，只不过产完卵不但会迅速把洞口封住，还会用后脚不断踏实，使卵坑不留一点儿痕迹。（通过对比，突出不同蝗虫的习性和特点。）工作完毕后，它们还会不断摩擦鞘翅的边缘，发出轻轻的、愉快的歌唱——就像母鸡下完蛋，会用“咯咯嗒”的叫声来表达做母亲的欢乐一样。

灰蝗虫是我们家乡最大的蝗虫，身材跟非洲蝗虫相仿。它性情温和，生活简朴，（拟人手法，生动地展示出了灰蝗虫的习性。）很少损害地上的植物。我用网罩将它罩起来喂养，并借此了解了它的一些情况。

它一般在四月底交尾，母蝗虫在交尾后没几天就可以产卵，产卵的时间可以持续很久。母蝗虫肚子的末端有两对短短的像钩爪一样的挖掘器，一对较粗，一对较细，上面都有坚硬的弯钩，可用来钻洞挖土。

母蝗虫把它的肚子弓起来，用四个钻头钻进地里，挖起一点儿干土，然后慢慢把肚子塞进土里，可表面上看不出使劲的样子。适合的产卵地并不是一下子就能找到，有时候要接连挖四五个洞才能找到一个合适的。不合适的洞直接被废弃了，还保持着挖好的样子。我观察过，这些洞的直径和铅笔差不多，内壁光滑得令人吃惊，而其深度就是蝗虫肚子最大限度鼓胀拉长时所能到达的长度。

蝗虫通过试钻，找到它认为合适的地点便开始产卵，但从外表丝毫看不出来，因为它一动不动，把肚子全部埋进洞里了，产卵过程大约要持续整整一个小时。最后它的肚子一点点拔出来，这时我们还可以看到它的排卵管的两瓣在不断地翕动着，并排出一种奶白色起泡沫的黏液。这种泡沫状材料在洞口形成一个圆形的顶盖，盖住它的卵。（细节描写，用词准确，富有画面感。）白色的泡沫很快就变硬了，和灰色的泥土相辉映，引人注目。母蝗虫盖好这个盖顶之后，就走开了，再找其他合适的地方继续产卵。

我一直监视着这些笼子里的蝗虫，打算挖开洞仔细观察一下。用小刀挖到三四分米处，就能看清楚了。每个产卵洞内部都是由一种凝固的泡沫所形成的囊，这层囊是排出的附在卵本身的黏液在洞里迅速风干所形成的，相当于一个天然的保护壳。我经过仔细观察发现，几乎所有的卵囊都是垂直地排在地下的，很平整。

不同种类的蝗虫，它们的卵的形状也是不同的。（先总后分，叙述很有条理。）灰蝗虫的卵囊长六厘米，宽八厘米。它的卵是灰黄色的，呈纺锤状，斜向排列于泡沫中，约有三十来个。这些卵差不多占整个卵囊长的六分之一，其余部分是白色的细泡沫，非常易碎。

黑面蝗虫的卵囊为略带弯曲的圆柱形，长三四厘米，宽五毫米，卵数二十多个，呈橘黄色，裹着卵的泡沫不多。蓝翅蝗虫的卵囊像个大逗号，（巧用比喻，形象直观。）卵便在下面隆起的一端里，约有三十个，呈很深的橘红色。高山之友步行蝗虫的产卵方法与蓝翅蝗虫相同，卵的数量约二十个，呈深红色。意大利蝗虫先是把它的卵放置在囊里，再继续有规则地排放泡沫，使卵囊又多出一个附属部件，像座两层楼的房子，上下有过道相连。其他蝗虫的产卵情况都和这几种蝗虫差不多，都是把产下的卵储藏在带泡沫的囊中，并用一条上升通道来保护。

在蝗虫家族中，长鼻蝗虫和灰蝗虫孵化的时间要早一些。八月份，我们就可看到它们的幼虫，而其他大多数蝗虫要过完冬天才孵化。它们埋在地下不深处，土质呈粉状，而且比较疏松，假如能一直保持这个状态，那么幼虫破土而出将不成什么问题。即使一场场冬雨将土地夯得结结实实，但因为蝗虫母亲在产卵时留了通道，所以幼虫钻出地面也不会费太多的力气。

我曾亲眼看见过蝗虫的最后一次蜕皮，那是成年蝗虫从幼虫的外壳中脱身而出的情景。那可真是件了不起的事儿。（制造悬念，激发读者的好奇心。）我观察的是灰蝗虫，它的身体有一根手指那么长，算得上是蝗虫家族中的庞然大物，所以观察起来很方便。

灰蝗虫的幼体比较肥胖，看上去并不太优雅，通常呈浅绿色。它们与成虫一样，也披着一件相同的灰色外衣，前胸布满细小的白色斑点，后腿如成虫一样有力，而长长的小腿则布满锯齿，只是鞘翅还是一对不起眼的三角形翼端，尚未发育完全。鞘翅下面是两条细长的带子，那是翅膀的萌芽，比鞘翅还要小。（通过仔细观察，详细描写了其外貌特征。）

下面我们还是来看一看蝗虫蜕皮的详细经过吧。（以唠家常的口吻，拉近与读者的距离。）当幼虫感到自己已经成熟到可以蜕皮时，便用后腿的爪和关节部分抓住网纱，前腿曲折，交叉在胸前，鞘翅的鞘——三角形翼端打开了尖顶，并向两侧张开。之后，有两条长带子由中间竖起来，这便是它蜕皮的开始。

首先要做的是让旧外套裂开。幼虫前胸后面的尖端下方会交替着膨胀收缩，形成搏动。同时，后颈前端也做同样的动作，而且很有可能其身体其他部分也在运动。通过关节相连处的薄膜，我们可以看到幼虫的血液在波浪般地涌动着，血液产生推力，撞击在外壳的各个部位。外壳受到牵拉，最终沿着一条最为脆弱的裂缝而裂开，蜕皮工作便完成了艰难的第一步。在整个蜕皮过程中，蝗虫的头、触须、前腿从外壳拔出来时比较顺利，一般不会使外套变形。

蝗虫的翅膀展开是从肩部开始的，不过较慢，需要经过三个多小时才能完全展开，鞘翅也是如此。想起最初它们那不起眼的样子，如今竟然能展开得这么大，真让人惊叹不已。开始时，幼虫的鞘翅和翅膀是无色或嫩绿色的，到了第二天颜色才与成虫的相仿，并像折合的扇子一样，平放在它应在的位置上。而这时，鞘翅则把外部边缘弯成一道钩，贴到身子的侧部。

蜕变结束后，灰蝗虫要做的事就只剩下在温暖的阳光下让身体变得壮实起来，再把它的外衣晒成灰白色就行了。

名师赏析 Mingshi Shangxi

说起蝗虫，人们都认为这是一种农业害虫。作者却并不完全同意这个观点，他从童年抓蝗虫的趣事讲起，详细介绍了蝗虫的外貌特征、食性、发声、产卵等生活习性，让人对蝗虫有一种崭新的认识，了解到蝗虫在食物链中有益的一面。在文中，作者还运用类比手法，介绍了灰蝗虫、步行蝗虫、意大利蝗虫、黑面蝗虫、蓝翅蝗虫等不同种类的蝗虫在体形、生活习性等方面的细微差别，让人感慨作者昆虫学知识渊博之余，由衷地感叹大自然造化之神奇。

● 好词好句

目瞪口呆　凶狠贪吃　目光短浅　心满意足　时隐时现
戛然而止　安乐惬意　腾空而去　短小精悍　性情温和
生活简朴　破土而出

● 延伸思考

1.你见过蝗虫吗？你知道全世界有多少种蝗虫吗？中国最常见的蝗虫有哪些？

2.为什么说蝗虫是一种农业害虫？

Chapter 06 | 第六章

蟋蟀

说起人们所熟悉的昆虫，就不得不提起蟋蟀的大名。蟋蟀之所以如此出名，主要是因为它那精致的住所，还有它那出色的歌唱才华。（高度概括蟋蟀的两大特点，统领全篇。）

那位让动物说话的寓言家拉封丹，对于蟋蟀只简单谈过几句，他仿佛并没有注意到这种小动物的天才与名气。另外，还有一位法国寓言作家曾经写过一篇关于蟋蟀的寓言故事，他在故事中写道："蟋蟀并不满意，总在叹息它自己的命运！"

事实可以证明，这是一个多么错误的观点。因为，只要观察过蟋蟀的生活情况，哪怕仅仅是一些表面上的观察与研究，我们都会感觉到蟋蟀对于自己的住所以及天生的歌唱才能，是多么的满意。

我经常可以在蟋蟀住宅的门口看到它们卷动着触须，背朝太阳，静静地待在那里。它们一点儿也不妒忌那些在空中翩翩起舞的花蝴蝶。相反地，蟋蟀反倒有些怜惜那些蝴蝶。蟋蟀那种怜悯的态度就好像能体会到家庭欢乐的人，每当讲到那些无家可归、孤苦伶仃的人时，都会流露出一种怜悯之情。蟋蟀是豁达的，它拒绝虚荣；蟋蟀是淡泊的，它远离喧嚣，安居陋室。（用拟人手法概括了蟋蟀的性情。）

[蟋蟀从来不诉苦、不悲观，它对于自己的住所，以及它那把简单

的“小提琴”，都相当满意。从某种意义上可以说，蟋蟀是个地道的哲学家。它似乎清楚地懂得世间万事的虚无缥缈，并且还能够感觉到躲避开那些盲目地、疯狂地追求快乐的人类的打扰是多么幸运。］❶

在建造住所方面，蟋蟀比其他昆虫可要精心得多。在各种各样的昆虫之中，大概只有蟋蟀在长大之后还拥有固定的住所，这也算是它辛苦工作的一种报酬吧！

［在一年之中最坏的时节，大多数其他种类的昆虫都只是在一个临时的隐避所里避难，躲避自然界的风风雨雨。这种临时房，得来不费功夫，丢掉也不可惜，但绝不安全。有些昆虫为了安家，会制造出一些让人感到惊奇的东西，比如棉花袋子、用各种树叶制作而成的篮子、水泥制成的塔等等。也有的昆虫，长期隐藏在自己的埋伏地点，等着猎物送上门来。］❷比如虎甲虫，常常挖掘出一个垂直的洞，然后用自己平坦的小脑袋塞住洞口。一旦有其他昆虫来到大门前，虎甲虫就会张开血盆大口，饱餐一顿。再比如蚁狮，它会在沙子上面做成一个倾斜的隧道，一旦有蚂蚁误入歧途，便会从这个斜坡上不由自主地滑下去，成为蚁狮的盘中餐。（用详细事例证明自己的观点，真实可

名师导读 Mingshi Daodu

❶ 融入了作者的想象和感情色彩，把蟋蟀定位成世外高人，使其形象愈发丰满。用充满诗意的语言描写昆虫，读来不失为一种享受。

❷ “大多数”“有些”“也有的”，用词准确，高度概括了不同昆虫对待建造住所的态度和方式，用对比手法来衬托蟋蟀的勤劳与明智。
（用词准确）

信。）

蟋蟀就不同了，无论是在朝气蓬勃、生机盎然的春天，还是在寒风刺骨、雪花漫天的冬季，（连用四字词语，简洁有力，高度概括了两个季节的特征。）蟋蟀对于自己经过辛苦劳作而建造出的家，都无比地依赖，不想迁移到其他任何地方。蟋蟀精心构建的家不是一种临时的避难所，也不只是充当捕获猎物的陷阱或“育儿院”，而是为了安全、舒适、温馨而筑的，是从长远的角度考虑的。这是一个真正的居住之所。蟋蟀的远见卓识使它成为昆虫世界里拥有安稳居所的优越居民。

要想做成一个稳固的住宅，并不简单。不过，现在对于蟋蟀、兔子，或是人类而言，这已经不再是什么大问题了。在我的住所附近，有狐狸和［獾猪］❶的洞穴，它们绝大部分只是由不太整齐的岩石构建而成的，而且看起来都很少进行修整。对于这些动物来说，只要能有个洞暂且偷生、避避风雨也就可以了。

相比之下，兔子要更聪明一些。如果有些地方没有任何天然洞穴可以供兔子们居住，以便它们躲避外界所有的侵袭与烦扰，那么，它们就会到处寻找自己喜欢的地点进行挖掘。

蟋蟀常常轻视那些以偶然碰到的天然隐避

名师导读 Mingshi Daodu

❶ 哺乳动物中的鼬科动物，其四肢粗壮，身体肥胖，嘴巴尖，眼睛小，鼻子像猪的鼻子，所以叫獾猪。

❷ 拟人化手法，将蟋蟀塑造成了一个选址严谨、考虑周密且立意高明的建筑大师。
（拟人手法）

❸ 运用设问句，提出关键问题，启发读者思考，然后给出解答，使得文章读来如行云流水，流畅自然，且亲切生动。
（设问句）

场所为家的动物。[在建造住所方面，蟋蟀可算是超凡出众的了。它们总是先非常慎重地为自己选择一个最佳的地点。它们很愿意挑选那些排水条件优良，并且有充足的阳光照射的地方。它们要求自己别墅的每一处，从大厅到卧室，无一例外都必须是亲手挖掘、亲自修整而成的。]❷

除了人类，至今我还没有发现哪种动物的建筑技术要比蟋蟀的更加高超。（直抒胸臆，表达了对蟋蟀的建筑艺术的赞赏。）即便是人类，在使用混凝土以及用黏土涂抹墙壁的方法尚未发明之前，也不过是以岩洞为隐避场所。这样一个弱小的动物，却可以将住所建造得如此舒适。而且，它的这个家还具有很多为我们人类所不知的优点：它拥有安全可靠的隐藏性；它有享受不尽的舒适感；在其附近的地区，谁都不可能居住下来骚扰蟋蟀的生活。

[令人感到不解的是，这样一种小动物怎么会拥有这样的才能呢？难道说，大自然偏爱它们，赐予了它们某种特别的工具吗？]❸当然不是。蟋蟀可不是什么掘凿技术方面的一流专家。实际上，正是因为蟋蟀工作时使用的工具非常柔弱，却能建造出这样舒适的住宅，才让人们对它充满惊奇的。是不是因为蟋蟀的皮肤过于柔嫩，经不起风吹雨打，才需要有一个稳固的住宅呢？答案是否定的。因为，在蟋蟀的同类中，有些也和它一样，皮肤同样柔嫩，而且感觉十分灵敏，但是，它们从不建造住宅，也并不怕暴露于大自然中。

那么，蟋蟀那高超的建筑才能，是不是源于它的身体结构呢？它是不是长有进行这项工作的特殊器官呢？（连续设问，步步逼近真相。）这个答案仍然是否定的。在我的住所附近，生活着三种不同的蟋蟀。这三种蟋蟀，无论是外表、颜色，还是身体的内部构造，和田野里的蟋蟀基本上没有大的差别。然而，在这些蟋蟀当中，只有田野里的蟋蟀会为自己挖掘一个安全的住所。

第一种蟋蟀身上长有斑点，它只把家安置在潮湿的草堆里；第二种蟋蟀十分孤僻，身材只有田野蟋蟀的一半大，它们喜欢在园子里的土块上寂寞地跳来跳去；波尔多蟋蟀身材更小，它干脆直接毫无顾忌地闯进我的住宅，从八月待到九月，躲在阴暗凉爽的角落里悠闲地唱着歌。

田野里的蟋蟀建造精致住宅的本能到底来自何处呢？看来，要想从蟋蟀的身体结构，或是工作时所利用的工具上来寻找答案，都是不可能的。看来，蟋蟀筑巢本能的由来，目前还不可得知。

难道会有谁不晓得蟋蟀的家吗？谁小时候没有到过这位隐士的房屋之前去观察过呢？无论你是怎样的小心，脚步是如何的轻巧，这个小小的动物总能感觉到你的来访。然后，它立刻警觉起来，并且有所反应，马上躲到更加隐蔽的地方去。（说明出于自我保护的本能，蟋蟀的警惕性很高。）而当你好不容易才接近这些动物的定居地时，此时此刻，这座住宅的门前已经是空空如也了，很让人失望。

怎么把这些隐匿者从躲藏处诱惑出来呢？你可以拿起一根草，把它放到蟋蟀的洞里，轻轻地转动几下。这样一来，小蟋蟀肯定会认为地面上发生了什么事情。于是，这只已经被搔痒而且已经有些恼怒了的蟋蟀，将从后面的房间里跑上来。然后，停留在过道中，迟疑着，同时鼓动着它的细细的触须认真而警觉地打探着外面的一切动静。然后，它才渐渐地跑到有亮光的地方来，只要这个小东西一跑到外面来，便是自投罗网，很容易就会被人捉到。因为，前面发生的一系列事情，已经把这只可怜小动物的头脑给弄迷糊了，毕竟它的智力水平有限啊！（在作者的笔下，昆虫也有好奇的天性，让人倍感亲切。）

假如这一次，小蟋蟀逃脱掉了，那么，它将会很疑虑、很机警，不肯再轻易地冒险，从躲避的地方跑出来了。在这种情况下，你就不得不选择其他的应付手段了。比如，你可以利用一杯水，把这个不肯就范的顽固分子从洞穴中冲出来。（语言俏皮活泼，把蟋蟀塑造成了一个英勇无畏的斗士。）

小时候，我们跑到草地里去，到处捉蟋蟀这种昆虫。捉到以后，就把它们带回家里，放在笼子里供养起来，每日采来一些新鲜的莴苣叶子养活它们。这真是一种莫大的童趣啊！为了能够更好地研究蟋蟀，我到处寻找它们的巢穴。这不禁让我想起那孩童时代的一些事情，一切就好像是昨天刚刚发生的一样。（将读者带入回忆情境，抓人眼球。）

现在，我有一个小伙伴保罗，他在利用草须方面可是个专家。他用一根草须就可以成功引诱一只蟋蟀。不久，他就会十分激动地对大家喊道："我捉住了！我捉住了！是一只可爱的小蟋蟀！"

"快点把它拿过来，"我对小保罗说道，"我这里有一个袋子，它可以在袋子里面安心居住，里面有充足的食物。"

这下我要好好观察蟋蟀了，而我首先要观察的就是它的家。蟋蟀的洞穴隐藏在那些青青的草丛中，那是一个不为人知的有一定倾斜度的隧道。这里即使经历了一场滂沱暴雨，也不会积水。这个隐蔽的隧道最多有九寸深，有人的一个手指头般粗细。隧道按照地形的情况和性质，或是弯曲，或是垂直。洞口总是要有一簇草半遮半掩着，就像一个罩子，把进出洞穴的通道遮蔽起来。蟋蟀进出洞口的时候，是不会去碰这片草叶的，因为这相当于它们的屋檐。那微斜的门口打扫得很干净，显得洞里特别宽敞。当四周都静下来的时候，蟋蟀就会悠闲自得地聚集在洞口，开始弹奏它们的"四弦提琴"，进行它们浪漫而温馨的暑期音乐盛会！

蟋蟀们的隧道里简单、整洁，但不粗糙。可见，主人有大把的时间修整好粗糙的地方。地道尽头是卧室，别无出口，这里比别处宽敞些，墙壁也打磨得很光滑。总之，这座宅子既简朴，又干净。

但是蟋蟀们只用结构简单的足就能建造出这样一个住宅，确实可以称得上一个伟大的工程。那么，蟋蟀是从什么时候开始这项大工程的呢？那就要从蟋蟀刚刚产卵的时候说起了。（承上启下，追根究底，充分展现了作者孜孜不倦的探索精神。）

要想仔细观察蟋蟀产卵，不用费多少工夫去准备，只要有足够的耐心就行了。在四五月间，我把一对对蟋蟀单独放在花盆里，花盆底铺了一层压实的土，然后放了些莴苣叶，并在盆口盖了块玻璃，既能看个清楚，也能防止它们溜掉。六月的第一个星期，我期待的场景出现了。我看到蟋蟀一动不动，开始把输卵管垂直插进土里，持续了很久。最后它拔出点播器，小心翼翼地把洞口清理干净，让人看不出痕迹。然后，它休息了一会儿，挪到别的地方继续产卵。

等蟋蟀产卵结束后，我翻起花盆里的土，发现母蟋蟀把卵产在深约四分之三寸的土里，卵排列成群，每次所排的卵或多或少。卵呈草黄色，圆柱形，两端浑圆，长约三毫米，外面被一层膜紧紧地包裹着。因为穿着这层紧紧的衣服，它们还不能被完全辨别出来。

我们知道，螽斯（俗称蝈蝈，直翅目昆虫，有长丝状触角，善鸣叫，雄虫两翅摩擦可发音。螽斯具有很好的保护色和拟态，常与其栖息的草丛或树木浑然一体）也以同样的方法孵化，当它来到地面上时，也一样穿着一件保护身体的紧紧的外衣。蟋蟀和螽斯属同类动物，虽然它实际上不太需要，但也穿着一件同样的制服。螽斯的卵在地下会留存八个月之久，它要想从地底下出来必须同已经变硬了的土壤搏斗一番，因此它需要一件外套来保护它的长腿。但是蟋蟀身材比较短粗，而且卵在地下的时间也不过几天，它出来时只要穿过粉状的泥土就可以了，用不着和土地相抗争。所以从实用角度讲，它并不需要外衣，于是它就把这件外衣抛弃在后面的壳里了。

当蟋蟀脱去襁褓时，它的身体是灰白色的，它开始和眼前的泥土战斗了。它用它的大腮将一些没有什么抵抗力的泥土咬出来，然后把它们打扫到一旁或干脆踢到后面去。它很快就可以在地面上享受温暖的阳光，并冒着和它的同类相冲突的危险开始生活。这时，它看上去那么弱小，像个可怜虫，还没有跳蚤大呢，就要到这个世界上来面临弱肉强食的危险了！（语调间充满了同情，小蟋蟀如此柔弱，命运堪忧。）

一天一夜之后，它变成了一个小黑虫，这时它全身的黑檀色足以和发育完全的蟋蟀体色相媲美，它身体上原来的灰白色到最后只留下来一条围绕着胸部的白肩带，像极了拉着正学走路的小孩的背带。

小蟋蟀身上生有两个黑色的点，两点中靠上的一点就生在头部，在两点的附近，你可以看见一条环绕着的薄薄的、凸起的线。蟋蟀的壳将来就在这条线上裂开。因为卵是透明的，我们甚至可以看到这个小动物身上长着的节。

现在是应该注意它的时候了，特别是在早上。在那条凸起的线的周围，壳的抵抗力会渐渐消失，卵的一端逐渐分裂开，被里面的小动物用头部钻动，它掀开来，落在一旁，战俘就从瓶子里跳出来了。

小蟋蟀脱离襁褓后，只剩下空空的卵壳，此时的卵壳还是长形的，光滑、完整、洁白。它和象牙盒子有些相似，上面有可以打开的盖子。小蟋蟀的头顶足以把这个盖子顶开。

幼小的蟋蟀是非常灵敏和活泼的，它在准备跳出卵壳时，会先用长长的、颤动的触须打探周围环境，然后再从卵壳里出来，在地上跑来跳去。等它再长胖些，那样子才真的滑稽可爱呢！

我的十个蟋蟀家庭繁衍生息后，简直成了我沉重的负担，我该如何处置这五六千只小蟋蟀呢？可爱的小家伙们，我还是给你们自由吧！于是，我把它们分散开来，放到了花园的各个角落里。等到明年，要是它们都还健在，我家门前将有一场多么动听的音乐会啊！可往往事与愿违，这不过是我一厢情愿的幻想罢了。（笔锋陡转，节奏从明亮欢快到阴郁沉闷，吊足读者的胃口。）

蟋蟀每次产卵有五六百个，母蟋蟀为什么不辞辛苦产下这么多的卵呢？原来，它们的卵或幼虫常常会遭到一些其他动物的大屠杀，特别是小型的灰蜥蜴和蚂蚁。蚂蚁实在是个比较讨人厌的角色，它们常常不放过我们花园里的任何一只小蟋蟀。它一口就能咬住可怜的幼小蟋蟀，然后将它们吞咽下去。

人们把蚂蚁视为比较高级的昆虫，还为它们写了很多的书，对它们大加赞赏。殊不知，它们却是专门做破坏工作的。在我们南方的村庄里，蚂蚁们常常跑到人们的家里弄坏椽子（屋面基层的最底层木条，垂直安放在檩木之上，支撑着屋面板和瓦等，仅见于传统的木结构建筑中），而且它们在做这些坏事时，就像品尝美食一样高兴。

由于我的花园里的小蟋蟀已经被蚂蚁们一扫而光，所以，我不得不跑到园子外面寻找蟋蟀。八月份，落叶下面的小草还没有完全干枯，我便有机会看到草丛里的幼小蟋蟀。它们已经长得比较大了，全身已经都是黑色了，白肩带的痕迹也已经褪去。这个时期，它们还过着流浪的生活，常常躲藏在枯叶或者较扁的石块下面。

可惜，许多幼小的蟋蟀刚从蚂蚁口中逃脱，却又不幸地成了黄蜂的目标。黄蜂猎取这些小蟋蟀，然后把它们埋在地下储存起来。尽管这时候小蟋蟀已经很强壮，足以为自己挖一个洞穴了，但它们还是恪守古训，过着流浪生活，真让人着急。

一直要到十月末，天气逐渐变冷，寒气袭来，蟋蟀才开始动手建造自己的巢穴。这位矿工用它的前足扒着土地，并用大腮上的钳子嚼去较大的石块。它还用强有力的后足蹬踏着土地，清扫尘土并将尘土推到后面，这就是它们造房子的全部工艺了。

起初，建巢工作进行得很快。蟋蟀钻在土里一待就是两个小时，而且每隔一小会儿，它就会在进出口露一次面。但是它常常是身体向着后面，不停地打扫尘土。如果它感到累了，就在还没完工的家门口休息一会儿，头朝着外面，触须无力地摆动，看起来非常疲倦。不久，它又钻进巢里，用自己身上的“钳子”和“耙”继续劳作了。

当巢穴挖到两寸多深时，就足以满足蟋蟀的一时之需了。接下来，蟋蟀就可以慢慢地做余下的挖掘工作。这个洞可以随天气的变冷和蟋蟀身体的长大而不断加大加深。如果冬天天气比较暖和，太阳照射到住宅的门口，蟋蟀便会继续挖掘和修理屋子，并从洞穴里面抛撒出泥土来。在春天可以尽情享乐的晴好天气里，住宅的修理和改善工作仍然没有停歇，直到主人死去，这项工作才结束。（可见蟋蟀的勤劳和完美主义精神，让人敬佩。）

［第二年四月的月底，蟋蟀们就开始唱歌，最初是稚嫩的独唱，不久就合在一起形成美妙的乐曲，几乎每块泥土下都有演唱者。晴空万里的日子里，在百里香（一种生长在低海拔地区的芳香草本植物）和欧薄荷繁盛的时节，当百灵鸟放开歌喉纵情歌唱时，蟋蟀们也禁不住要高歌一曲，与之相应和。虽然蟋蟀们的歌声单调而又缺少艺术感，但这歌声与生命复苏的单调喜悦相协调，相信只有萌芽的种子和初生的叶子才能

体会到。对于这种蟋蟀与百灵鸟合奏的乐曲，我们应该判定蟋蟀是优秀的胜者，它的数目和不间断的音节足以使它当之无愧。百灵鸟的歌声停止以后，田野上生长着的那些青灰色的欧薄荷，它们作为评论家在日光下散发着芳香，迎风摇摆，仍然能够享受到这样朴实的歌唱家的一曲赞美之歌，从而伴它们度过每一刻寂寞的时光。这是多么有益的伴侣啊！它给大自然以美好的回报。］❶

蟋蟀的乐器和螽斯的有些相似，原理也差不多。蟋蟀也有带锯齿的琴弓和振动的翅膜。它的右［翼鞘］❷叠在左翼鞘上，这一点和蚱蜢、螽斯相反，因为后两者是左边的翼鞘叠在右边的翼鞘上面。

蟋蟀的两个翼鞘的构造是完全一样的。就以右边的翼鞘为例吧，它紧紧地贴在蟋蟀的身上，侧面突然斜下去成直角，上面还长有倾斜细长的脉络。

把蟋蟀的翼鞘揭开，然后透过光仔细观看，除去两个相连的地方，其他区域呈现出淡淡的棕红色。两个连接着的地方前面是一个大的三角区，后面很小的一部分则呈椭圆形。翼鞘上面长着模糊的皱纹，这两片区域叫作镜膜，是蟋蟀的发声器官，蚱蜢类的昆虫也都具有这种镜膜。这一部分的膜是透明的，比其他部分要薄一些，而且略带一些灰色。在前面三角区的后端边缘的空隙中有五六条黑色的条纹，看上去就像是一架黑色的小梯子。（比喻手法，使其条纹形象直观。）这些条纹和褶皱其实就是能够起摩擦作用的翅脉。左边翼鞘的结构和右边的毫无二致，所以当左右翼鞘相互摩擦时，这些条纹和褶皱就会增加琴弓的接触点，从而使振动加强。在翼鞘靠近身体的那一面，阶梯状褶皱的凹陷处有两条翅脉，其中的一条是锯齿状的长条，它的样子很像一张弓，所以被叫作琴弓。这条琴弓上面大约有一百五十个小齿，这些小齿整齐而有规律地排列着，非常符合几何学原理。（观察细致入微，描述形象直观。）

［蟋蟀的琴弓比螽斯的精致多了。螽斯的镜膜发出的声音只能在几步之内听到，而蟋蟀的四个振动器发出的声音却能传到几百米远的地方。

蟋蟀的声音可以与蝉的清澈的鸣叫相媲美，并且没有后者的粗糙。比较来说，蟋蟀的叫声要更胜一筹。这是因为蟋蟀知道应该怎样调节它的曲调。蟋蟀的翼鞘非常开阔，而且是向着两个不同的方向伸出的，如果把翼鞘放低一点，就可以改变发出声音的强度。随着折边和柔软身体的接触面积大小的变化，蟋蟀的歌声也时而低沉，时而洪亮。］❸

蟋蟀的左右两片翼鞘几乎完全相同。最初我以为蟋蟀的两只琴弓都是有用的，至少它们中有些是用左面那一只的。但是观察的结果恰恰相反——蟋蟀都是右翼鞘盖在左翼鞘上的，没有一只例外。

为什么它一定要把右翼鞘交叠在左翼鞘上摩擦才能发出声音呢？如果两片翼鞘上下颠倒过来，会不会发出不同的声音呢？为了验证一下我的猜想，我用镊子小心翼翼地把蟋蟀的左翼鞘弄到右翼鞘的上面，期望此时的蟋蟀能够演奏出

名师导读 Mingshi Daodu

❶ 蓝天白云下，百里香、欧薄荷飘香，百灵鸟放声歌唱，蟋蟀全力伴奏，共同演奏了一首大自然中最美的交响乐。

❷ 鞘翅目昆虫的前翅角质化，坚硬，无翅脉，称为翼鞘。昆虫静止时翼鞘覆盖在背上，盖着中后胸以及大部分或全部腹节，主要起保护昆虫后翅与背部的作用。

❸ 通过对比螽斯、蝉和蟋蟀的叫声，突出了蟋蟀声音之嘹亮、清澈。（对比手法）

另类的乐曲。我反复如此摆弄了三四回，但是结果让我很失望。蟋蟀很顽固，它会很快恢复原来的状态，并不听从我的摆布。

我又想，刚刚蜕皮的小幼虫的翼鞘应该是比较软的，也比较容易改造。于是，我捉来一只刚刚蜕去皮的蟋蟀幼虫，用一片草叶，轻轻地把它的两片翼鞘的位置颠倒过来，让左边的翼鞘遮盖住右边的翼鞘。第三天的时候，蟋蟀开始发出声音了，我本来希望能看到它用左翼鞘上的琴弓来演奏，可是事与愿违，蟋蟀还是艰难地拉起了它的右弓，发出极不和谐的声音。

唉，我过于信任我破坏自然规律的行为了。我以为自己造就了一位新式的奏乐师，然而我一无所获。蟋蟀仍然拉它右面的琴弓，而且常常如此拉。由于蟋蟀坚持移动叠在下面的翼鞘，所以显得很吃力，最后肩膀竟然脱臼了。不过它依然在努力挣扎着，最后终于把右翼鞘弄到上面来，恢复了它原有的样子。我想把它变成左手的演奏者的方法是缺乏科学性的。它以它的行动嘲笑了我的做法，最终，它还是以右手琴师的身份度过了它的一生。

关于蟋蟀的乐器，我们已经有所了解了，再来静静地听听由它们演奏的音乐吧！蟋蟀们总喜欢沐浴在春日温暖的阳光里，躲在自己的家门口，舞动着它的琴弓，发出高亢、清亮的声音。这时它们的歌唱无非是想让自己的生活更有乐趣。（用拟人手法，把蟋蟀塑造成了一位昆虫界的音乐家形象。）

到后来，蟋蟀的歌声主要是想打动它们的女伴，它们唱得很卖力，终于使姑娘的心复活了。即使把蟋蟀关进笼子里，它依然很快乐，只要每天给它莴苣叶子吃，它就会快乐地唱歌。布罗温司的小孩子，以及南方各地的小孩子们，都喜欢把蟋蟀挂到门口。这种昆虫在主人那里得到各种恩宠，享受到各种美味佳肴。同时，它们也以自己特有的方式为主人不时地唱起乡下的快乐之歌。

在我所知道的昆虫中，没有什么其他的歌声比蟋蟀的歌声更动人、更清晰的了。尤其在夜深人静的深秋的夜晚，独自静听蟋蟀的歌唱，那种声音让我感到这个微小生命唱出了我们这片土地的灵魂。（用饱含深情的语言写出了对这种小生灵的赞美。）

名师赏析 Mingshi Shangxi

夏夜里，我们常能听到蟋蟀的叫声，从乡村到都市，都有蟋蟀的身影。作者用饱含深情的语言，从外貌特征、筑巢、产卵方式、叫声等几个方面介绍了蟋蟀的习性，让我们对蟋蟀有了全面的认识。在法布尔的笔下，蟋蟀是一种恋家的小生灵，它终其一生都在修整家园，孜孜不倦；蟋蟀还是一位快乐的音乐家，用优美的歌声唱出了对生命的热爱。

● 好词好句

孤苦伶仃　虚无缥缈　朝气蓬勃　生机盎然　寒风刺骨
雪花漫天　超凡出众　认真而警觉　不辞辛苦

蟋蟀的远见卓识使它成为昆虫世界里拥有安稳居所的优越居民。
那种声音让我感到这个微小生命唱出了我们这片土地的灵魂。

● 延伸思考

1.你见过蟋蟀吗？把你见到的蟋蟀的外貌特征描写出来吧。
2.你知道蟋蟀的食物都有哪些吗？

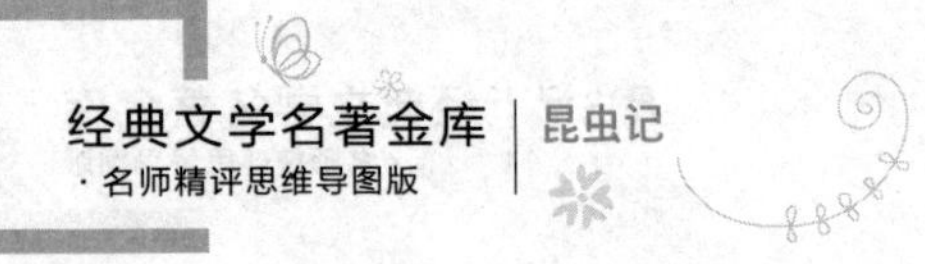

Chapter 07 | 第七章

蝉

试问，有谁没听说过蝉的大名呢？在昆虫学领域，恐怕没有名气比它更大的昆虫了。（用反问句增强语气，文章的主人公隆重登场。）

有些人对于蝉的歌声，好像还是不大熟悉，因为蝉总是生活在长有洋橄榄树的地方。但凡是读过拉封丹的寓言的人，大概都记得蝉曾经受过蚂蚁的嘲笑吧。（用大家耳熟能详的寓言来进一步说明，蝉自古以来就是最有名的昆虫之一。）

故事中说：整个夏天，蝉不做一点儿事情，只知道从早到晚地唱歌，而蚂蚁则忙于储藏食物。冬天来临，蝉不能忍受饥饿，只好跑到邻居蚂蚁那里去借一些粮食，结果遭遇了难堪。

蚂蚁骄傲地看着蝉，问道："你夏天为什么不收集一点儿食物呢？"

蝉回答说："夏天，我要歌唱，太忙了。"

"你夏天忙着唱歌，"蚂蚁嘲笑它说，"好啊，那么你现在可以跳舞了。"然后就转身不理它了。

这个寓言里的昆虫并不一定就是蝉，很可能是螽斯，因为英文常常把螽斯译为蝉。蝉虽然需要邻居们的许多照应，但它并不是乞丐。不过，蝉确实很喜欢唱歌。每到夏天，它们就成群结队地来到我家门口唱歌，躲在那两棵高大树木的绿荫中，从日出唱到日落，嘹亮的歌声一刻也不停息。

我首先得承认，蝉有时是一个讨厌的邻居。因为在它们震耳欲聋（突出了蝉聒噪、吵闹的特点）的乐声中，我根本没办法思考，我晕头转向，无法集中注意力。如果我没有抓紧利用早晨的时间，这一天就算完了。所以有时候我感叹——啊，这中邪的虫子，你是我家的祸害！我原本希望这个家安安静静的。听说雅典人会特意把蝉养在笼子里，以便享受它们的歌唱。在饭后昏睡的时候，听一只蝉叫可以让人接受。但当你想集中精神思考问题时，有上百只蝉同时叫响，震得人耳膜发胀，那简直是一种折磨。不过，在我到来之前，这两棵大树完全属于它们，说到底倒是我成了这绿荫的闯入者。（作者面对小小的昆虫都能换位思考，充满人性关怀。）那就研究研究它们的习性吧。

事实证明，那则寓言是无稽之谈。就是在我们村庄里，也没有一个农夫，会如此没常识地想象冬天会有蝉的存在。蝉和蚂蚁确实打过一些交道，但是真实情况恰恰与前面寓言中所说的完全相反。蝉并不依靠别人生活。它从不到蚂蚁门前乞食，倒是蚂蚁不能忍受饥饿而常常厚着脸皮去抢蝉的食物。

我曾经亲眼见过这种事。（现身说法，增强可信度。）七月，当其他昆虫都在为口渴苦恼，失望地在已经枯萎的花上想找点儿喝的东西的时候，（拟人化，说明昆虫跟人一样，口渴时也会焦躁不安。）蝉却舒服地坐在树枝上唱歌。当蝉唱到口干的时候，就会伸出它那好像锥子一样的嘴巴，刺入柔滑的树皮，吸食里面的汁液。

这个时候，稍等一下，我们就可以看到它遭受到意外的烦扰。因为邻近很多口渴的昆虫，立刻发现了蝉的井里流出的浆汁，跑去舔食。这些昆虫大都是黄蜂、苍蝇、蛆蜕（苍蝇的幼虫，也叫蝇蛆）等，而最多的却是蚂蚁。

身材小的昆虫想要到达这个井边，就偷偷从蝉的身底下爬过，而主人却很大方地抬起身子，让它们过去。（用词贴切，表现了蝉的慷慨和大度。）大的昆虫，抢到一口，就赶紧跑开，走到邻近的枝头；当它再转回头来时，胆子比以前变大了，它忽然就成了强盗，想把蝉从井边赶走。

[其中最无耻的就是蚂蚁。蚂蚁得寸进尺，我曾亲眼见到一只蚂蚁咬住蝉的腿尖，拖住蝉的翅膀，爬上它的后背，甚至抓住它的吸管，想把它的吸管拔掉。]❶ 最后，这位歌唱家没有办法，不得已抛弃自己所凿的井，悄无声息地离开了。于是，蚂蚁的目的达到了，霸占了蝉的井，很快喝光了里面的汁液。

怎么样？真正的事实确实与那个寓言相反吧？蚂蚁是厚颜无耻的乞丐，蝉才是辛勤的劳动者！（呼应开头，用亲眼所见的实际事例为蝉正名。）

[一到夏天，蝉就会霸占靠我屋子门前的那棵树。在屋子里，我是主人，而门外头，蝉就是最高统治者。]❷ 虽然它搅得我难以专心做事，但也正好给了我机会来仔细观察它。

七月初，将近夏至的时候，第一批蝉出现了。在一些阳光暴晒、被踩得很结实的小路地面上，出现了一个个有手指般粗的小圆洞，蝉的幼虫就是从那里面爬出来，完成蜕变的。除了有庄稼生长的田地，这些孔几乎到处可见，尤其是路边的大树下，它们通常位于又干又热的地方。蝉的幼虫有非常锐利的工具，可以挖动泥沙和干土，从最坚硬的地面钻出来。

我家花园里有一条小路，一堵朝南的墙壁把阳光反射过来，使那里炙热无比。而在这条小路上，就布满了蝉幼虫的洞穴。我在考察蝉的地下洞穴时，发现了一个很特别的现象。在通往地下洞穴的圆孔口的四周，竟然没有一点儿垃圾和泥土。大多数的掘地昆虫，如金蜣的窝巢外面总有一座土堆。我分析后得知，这是它们工作方法不同的结果。

金蜣的挖掘工作是从洞口开始的，所以它把掘出来的泥土都堆积在地面。蝉幼虫的挖掘工作是从地下开始的，开始并没有洞口，最后的工作才是开辟洞口，所以它不可能在门口堆积泥土。

蝉的隧道有十五六寸深，里面通行无阻，下面的部分较宽，但底端却是完全封闭起来的。那么，蝉在挖隧道时，都把泥土搬移到哪里去了呢？为什么洞壁不会崩裂下来呢？（通过设问，步步推进情节的发展，带领读者一起寻找真相。）

许多人都以为，蝉是用有爪的腿爬上爬下掘洞的，这样会把泥土弄塌了，把自己的房子塞住。［其实，蝉的做法简直和矿工或是铁路工程师一样。矿工用支柱支持隧道，铁路工程师利用砖墙使地道坚固。蝉和他们一样聪明，为了使隧道坚固，它便在隧道的洞壁上涂上“水泥”。］❸ 这种“水泥”是蝉用自己分泌的黏液和收集到的泥土做成的。地穴常常建筑在含有汁液的植物根须上，蝉可以从这些根须中取得汁液。

蝉的幼虫要在地下待四年。如此漫长的时

名师导读 Mingshi Daodu

❶“咬”“拖”“爬”“抓”“拔”，一组连贯动词的运用，形象说明了蚂蚁的强盗行径；而“无耻”两个字，足以说明蚂蚁比上文中所有的强盗都更胜一筹。这种俏皮的写法让昆虫世界变得多姿多彩，活灵活现。（动作描写）

❷通过拟人手法，将蝉不请自来、君临天下的姿态刻画得惟妙惟肖。（拟人手法）

❸巧用比喻，使蝉的行为对应人类的工作，形象直观，便于读者理解。（比喻手法）

间当然不可能全部在前面我们说过的那种洞穴里度过，因为地洞只是它准备爬到地面上的住所。据我考察，幼虫是从别处到这里来的，或许还是很远的地方。

蝉是一个流浪者，不停地把吸管从一处树根转移到另一处树根。它在为了逃避冬天寒冷的上层泥土，或是为了安身于一个更舒适的家时，就会挖一条地道，把泥土抛在身后。但是抛出的泥土必须有一个存放空间，蝉是如何清理掉那些占地方的泥土的呢？那一定有特殊的方法，但这个秘密我还无从知晓。

如果我们仔细观察，就会发现刚钻出地洞的幼虫身上多少会沾有泥浆。（从大家都比较熟识的场景入手，拉近和读者的距离。）但是让人惊讶的是，沾了泥浆的幼虫是从干燥的土里钻出来的。它为什么会满身污泥呢？

我把一只正在建造地面通道的幼虫挖出来，找到了问题的答案。这只被发现的幼虫刚开始它的挖掘工作，一条大约拇指长的地洞里几乎空无一物，洞底有一个休息室。而幼虫的体色要比它钻出洞时白得多，它的眼睛很大，但似乎看不见东西。它的身体涨满了液体，就像得了水肿病一样。只要用手抓住它，它的尾部就会排出一种透明的液体，把整个身体润湿。我们权且把这种液体称为尿液。

幼虫在挖掘洞穴的过程中，会把尿液洒在泥土上，让其变成泥浆，然后它会立刻用肚子把泥浆压在洞壁上粘紧。如此，在最初干燥的泥土上，贴了一层富有弹性的泥土。而洞里没有任何土渣，因为它们都被化成泥浆而就地利用了。蝉的幼虫就是在这种湿乎乎的泥浆中工作的，这就是它从洞里钻出来时，身上沾有湿泥的原因了。（呼应上文，让人恍然大悟。）

蝉的幼虫在彻底摆脱了矿工般的苦役后，也不会丢弃它的尿袋，剩下的尿液会被当成防御武器保留下来。如果有谁观察它凑得太近的话，它就会射出一泡尿，并趁机逃走。不管是成虫还是幼虫，它们都是灌溉能手。那么，问题又来了。蝉的幼虫体形并不大，即使它全身都蓄满了水，也不足以挖出一条长长的覆有泥浆的地道。那么，它的水用尽了，是如何补充的呢？

我在挖掘蝉的地洞时发现，在一些洞穴的墙壁上嵌着一些活的树根，这便是幼虫尿液的源泉。我相信，它在挖掘工作开始之前，是特意寻找有新鲜树根的地方才开工的。实验证明，（作者通过进一步实验才得出结论，可见其严谨的科学探索精神。）如果没有这些树根，幼虫体内的尿液一旦用完，无处补给，它们就无法完成挖掘工作，也就无法从土里钻出地面。

蝉的幼虫要一连工作几个星期，甚至一个月，才能做成一道坚固的洞壁。为了方便随时知道外面的天气如何，蝉在隧道的顶端留了手指厚的一层土。它会时不时地爬上来，利用顶上的那层土来测知外界的天气状况。

如果蝉感觉外面有雨或风暴，它就会小心谨慎地溜到隧道底下。但是如果天气看来很温暖，有很好的阳光，它就用爪击碎“天花板”（借喻的修辞手法），爬到地面上来晒太阳。

蝉的幼虫初次出现在地面上时，常常在洞口附近徘徊，以寻求适当的地点，比如一棵小矮树、一丛百里香、一片野草叶或者一根灌木枝。（详细列举蝉蜕皮的地点，说明作者仔细观察过。）找到后，它就爬出地面，用前足的爪紧紧地抓住这些植物的枝条，一动不动。接着，它的蜕皮工作就开始了。这时，看起来很坚硬的外皮从背上裂开，露出里面淡绿色的蝉。蝉的头部首先露出来，接着是吸管和前腿，随后是后腿和翅膀。（秩序井然，叙述有条理。）此时，除了身体最后的尖端，蝉的整个身体已经完全蜕出了。

［接下来，蝉会表演一种奇怪的体操。它的身体先挣脱出来，只有一小块还固着在旧皮上，然后翻转，直到头部倒悬、布满花纹的翼向外伸直并完全张开。随后，它又用一种几乎不可能看清的动作，尽力将身体翻上来，并且用前爪钩住空皮。这一系列运动，可以把身体的尖端从鞘中脱出。全部的过程大约需要半个小时。］❶

在短时间内，这个刚获得自由的蝉还不是很强壮。它那柔软的身体在还没具有足够的力气和漂亮的颜色以前，必须在日光和空气中好好地沐浴。它会用前爪把身体悬挂在已脱下的壳上，在微风中摇摆。它的身体依然很脆弱，依然是绿色的。直到棕色的外壳出现，它才会变得像平常的蝉一样。

现在我们来谈谈蝉的歌唱问题吧。（开门见山，引出下文。）首先看看蝉的音乐器官。在雄蝉的胸部，紧靠大腿的后面，有两块很宽的半圆形大盖片，右边的盖片往左边的盖片上压一点点，左右盖片下面各有一个小空腔。小空腔的外侧，也就是蝉的腹背交接处的边缘，有一个纽扣大小的小孔，那是蝉的音窗。与音窗

名师导读 Mingshi Daodu

❶“挣脱”“翻转”“倒悬”“伸直”“张开”“翻”“钩住”，动作描写清晰准确，富有画面感，使蝉蜕皮的过程历历在目。（动作描写）

❷一种打击乐器，发源于西班牙。最初是将两块乌木分别绑在拇指和中指上，后改为装在一木柄上碰奏，或以双手持板碰击。响板发出铿锵的嗒嗒声，活泼而清脆，富有特色。

❸通过对比，进一步说明蝉的听觉比较迟钝，越发激起读者的好奇心。（对比手法）

相通的另一个空腔是蝉的音室。音室里，有发音器官——“钹”。蝉的一声声歌唱就是从“钹”的来回振荡中发出来的。（于细微处见功夫，可见作者不但对昆虫了如指掌，还精通乐理。）

蝉是非常喜欢唱歌的，即使翼后的空腔里有像钹一样的乐器，有的蝉还不满足，还要在胸部安置一种［响板］❷，以增加声音的强度。因为有这种巨大的响板，使得它们的生命器官都无处安置，只得将其压缩到身体最小的角落里。

蝉与我比邻而居已有十五年了。每个夏天差不多有两个月之久，它们总不离我的视线，而歌声也不离我的耳畔。它们无论是在饮水时或行动时，都从未停止过歌唱。但不幸的是，蝉喜欢的音乐完全没有引起他人的兴趣。那么，它为什么要唱个不停呢？我原以为它是在呼唤同伴，然而事实表明，这个猜想是错误的。因为我常常看见它们在大树的柔枝上，排成一列，歌唱者和它们的伴侣并肩坐着，所以它们并不需要用歌声来呼唤同伴。于是，我又进一步猜想，蝉可能听不见自己所唱的歌曲，（观察加联想，作者为了得出真相可谓费尽心思。）它只不过是想用这种强硬的方法，强迫他人去听而已。

蝉具有非常清晰灵敏的视觉。它的眼睛时刻注意到周围环境的变化，只要看到有谁跑来，它会立刻停止歌唱，悄然飞走。然而，喧哗不足以惊扰它。任凭你站在它的背后讲话、吹哨子、拍手、撞石子，它依旧忘我地歌唱。［如果换作一只雀儿，即使听到比这更轻微的声音，虽然没有看见你，它也会马上惊慌地飞走。可是这种情况下，蝉却很镇静，仍然继续歌唱，好像什么事也没有发生一样。］❸

有一回，我借来一支乡下农民节日里使用的土铳，里面装满火药。在场的六个人都认为炮响后蝉会有片刻的安静。每个人都仔细查看了蝉的数量、音域和节奏等。一切准备就绪，大家都竖起耳朵等待那空中乐队的变化。“砰”的一声，第一炮放出去，真是声如霹雷。而蝉却一点儿也没有受到影响，仍然继续歌唱。它没有表现出一丝惊慌失措的样子，歌声的质量也一点儿没受到影响。

第二炮发出去后，情形依然不变，蝉仍然不受任何影响。由此，我们可以确定，蝉是听不见的，好像聋子一样，完全听不到自己所发出的声音！（为了证实自己的猜想，作者可谓大费周章，不惜用这么隆重的方式来做实验，让人忍俊不禁的同时，又不得不佩服法布尔孜孜以求的探索精神。）

蝉是想通过这种嘹亮的倾诉来向异性表达爱情吗？通过大量的考察得知，两种不同性别的蝉靠近后会变得沉默。所以，我认为，蝉和蝈蝈、雨蛙等一样，歌唱是它表达乐趣的手段，任何动物都会用自己独特的方式来庆祝美好的生活。（揣测蝉的心理，使文章趣味盎然。）如果有一天，有人向我证明蝉的歌唱不是为了传宗接代，而是为了感觉生命的乐趣，我不会感到任何惊讶。

好了，我们就不要去想蝉的歌声了，还是来看看蝉的卵吧。蝉喜欢把卵产在干燥的树枝上，粗细大都在枯草与铅笔之间。它找到合适的树枝后，就用胸部尖利的工具在树枝上刺一排小孔——这些小孔就像是用针斜刺下去的。一根枯枝常常被蝉刺上三十或四十个孔。蝉就把卵产在这些小孔里。小孔一个个地斜下去，每个孔大约可以放十个卵。这样算来，一只蝉可以产三四百个卵。（观察细致，叙述严谨。）

我经过仔细观察后发现，蝉之所以产这么多的卵，是因为要防御一种特别的灾祸。这种灾祸就是，卵中的很大一部分会被破坏掉。而这些蝉卵的破坏者就是蚋（一种昆虫，体长2～5毫米，黑色，触角粗短，复眼较明显，雌蚋会吸食人畜的血液）。如果拿蚋和蝉作比较，蝉简直算得上是庞然大物！（体形越悬殊，越能凸显敌人杀伤力之强，富有戏剧色彩。）

许多蝉卵刚产出，就有可能立刻被蚋毁掉。这真是蝉家族的灾祸！

其实，蝉只要上前一踏，就可以将破坏者压扁。然而这些破坏者竟异常镇静，毫无顾忌，置身于蝉的面前。我曾经见过三只蚋有次序地待在蝉前面，同时准备掠夺那只倒霉的蝉的卵。

当时，蝉刚装满一个小孔的卵，移到稍高处，准备另外做洞产卵。

这时，蚋立刻赶过去。虽然蝉的脚可以够着它，然而蚋有恃无恐，像在自己家里一样，跑到小孔处，将自己的卵产进去。蝉飞回去时，它原来产卵的小孔里多数已加进了蚋的卵。这些冒牌的家伙比蝉卵成熟得要快，它们的幼虫很快便以蝉卵为食，蚕食了蝉的后代。

虽然已经有几个世纪的教训，但是可怜的蝉的母亲仍然对灾难一无所知。它那大而锐利的眼睛，并非看不见这些可恶的坏家伙。它当然也知道其他的昆虫跟在后面，然而它不为所动，宁肯自己做出牺牲，也不愿意以伤害他人的方式来解救自己的家族。

借助放大镜，我曾见过蝉卵的孵化过程。起初，蝉卵很像极小的鱼，眼睛大而黑，身体下面有一种鳍状物，由两个前腿连在一起组成。这种鳍能帮助幼虫走到壳外，并且帮助它走出树枝上的小洞。鱼形的幼虫一到壳外，立刻就把外皮脱去。脱下的皮形成一种线。幼虫依靠这种线附着在树枝上，享受日光浴，踢踢腿，试试力气。有时，幼虫也会懒洋洋地在线上摇摆。（写出了蝉的惬意，让人羡慕不已。）

等到触须自由了，幼虫便可以左右挥动。接着，它的腿也可以伸缩，前面的爪也能张合自如。这时，它就会将身体悬挂起来，随着微风摇摆不定，就像翻跟斗一样。

不久，它就会落到地面上来。这时，幼虫不过跳蚤大小，它在绳索上摇荡着，以防掉在硬地面上摔伤。与此同时，它的身体正在空气中慢慢变硬。这时候，它面临着重重危险。因为哪怕一阵微风，都能把它吹到岩石上、污水里、黏土上，硬得它钻不下去。这个弱小的动物迫切需要防寒之处，所以它必须立刻钻到地下寻觅藏身之所。天气渐渐冷起来，稍作耽搁就有可能被冻死，所以它不得不四处寻找软土。不可避免的是，许多幼虫在没有找到栖息之地前就已经夭折了。

最后，蝉的幼虫寻找到适当的地点，用前足的钩挖掘地面。从放大镜中，我看见它挥动“斧头”，不断将泥土掘出地面。几分钟后，一个洞穴就完成了，这个小家伙钻下去，此后就长时间不出现了。

未长成的蝉如何在地下生活，至今还是一个未知的秘密。我们所知道的，只是它爬到地面上来以前，在地下生活了多长时间而已。通常，它在地下生活的时间是四年。而蝉在空中生活的时间则较容易估算。一般来说，我们听到的第一声蝉鸣是在接近夏至的时候，一个月后歌声达到高潮。

到了九月中旬，只有少数几只晚蝉还在细声细语地独唱了。至此，音乐会接近尾声。由于蝉的幼虫出洞有先有后，所以可以肯定地说到九月中旬还在唱歌的蝉绝不是第一批钻出地面的蝉。取首尾日子的平均数估算，蝉在日光下歌唱的日子大概是五个星期。

四年黑暗的苦工，一个月日光中的享乐，这就是蝉的生活。看来，我们不应该责备它歌声中的烦吵浮夸。整整四年的黑暗，它穿着羊皮般坚硬的外套，不断地用镐尖挖掘着泥土，终于有一天，这位满身泥污的挖土匠脱掉肮脏的外套，换上漂亮的礼服，像鸟儿一样插上翅膀，沐浴在温暖的阳光中，那是怎样一种至高无上的欢愉！所以，无论它的声音多么响，都不足以颂扬这如此短暂、如此难得的幸福。（作者用诗一样的语言，对蝉寄予了同情和赞美。）

名师赏析 Mingshi Shangxi

蝉鸣宣告夏天的到来，它伴随着我们度过盛夏，虽聒噪，却也不失为一种乐趣。作者通过长期观察，详细描述了蝉的生理习性、发声原理、生长过程、天敌等，文风时而严谨，时而俏皮，文章起伏有致，引人入胜。应该说，蝉的一生既漫长又短暂，用四年的黑暗换来一个月的灿烂时光，所以它执着地唱着歌，歌唱生活，赞颂生命。而法布尔则用诗一样的语言，借蝉的歌声，抒发了对每一个生灵的敬重和对生命的热爱，发人深思，令人回味。

● 好词好句

成群结队　震耳欲聋　晕头转向　无稽之谈　得寸进尺
厚颜无耻　通行无阻　无从知晓　比邻而居　清晰灵敏
毫无顾忌

任何动物都会用自己独特的方式来庆祝美好的生活。

无论它的声音多么响，都不足以颂扬这如此短暂、如此难得的幸福。

● 延伸思考

1.作者为什么要用寓言中蝉和蚂蚁的故事开头呢？

2.读完这篇文章，请你总结一下蝉都有哪些习性吧。

Chapter 08 | 第八章

萤火虫

萤火虫是大家都很熟悉的一种昆虫，即使你没有亲眼见过，也至少听说过它的名字。萤火虫的肚子顶端会发出微弱的光亮，就好像是挂了一盏小灯。（运用比喻手法，形象突出了萤火虫的外貌特征。）在宁静的夏夜，经常会看到它们在草丛中游荡。

萤火虫长着三对短短的腿，它们利用这三对小短腿迈着碎步跑动。（将萤火虫拟人化，直观生动。）雄性萤火虫到了成虫时期，会长出鞘翅，就像其他的甲虫一样。而雌虫则永远都保持着幼虫阶段的形态，无法享受飞翔的快乐。在法语里，萤火虫被译为“发光的蠕虫”，其实萤火虫根本就算不上是蠕虫，因为，它并不像蠕虫那样一丝不挂。（巧用成语，行文俏皮活泼。）萤火虫有着色彩斑斓的外衣，它的身体呈棕栗色，胸部是柔和的粉红色，其圆形服饰的边缘则点缀着一些鲜艳的棕红色小斑点。

[萤火虫有两个最有意思的特点：第一是它获取食物的方法；第二是它尾巴上有灯。]❶

别看萤火虫体格弱小、艳丽动人，它却是个地地道道的肉食动物。（前半句连用四字词语，最后得出萤火虫实乃肉食动物的结论，言简意赅，概括性强。）而且它的捕食方法也是很独到的，甚至有时显得有点慈悲。具体情况是这样的：［在开始捕食猎物之前，它都会先给对方打一针麻醉药，使这个小猎物失去知觉，失去防卫抵抗的能力，束手就擒，这方便它食用。这就好比我们人类在动手术之前，在病床上先接受麻醉，从而渐渐失去知觉而不感到疼痛一样。］❷一般情况下，萤火虫所猎取的食物，都是一些很小很小的蜗牛，不过樱桃般大小。

［天气非常炎热的时候，在路旁边的枯草或者是麦根上，就会聚集着大群的蜗牛，如集体纳凉一般。也许是酷热难耐的原因，这些蜗牛一动也不动地群伏在那些地方，好像生怕动一动，就会觉得热气逼人。它们就是这样静静待着，懒洋洋地度过炎热的夏天的。］❸在这些地方，我常常会看到，一些萤火虫正在咀嚼它们那已经失去知觉的俘虏，而旁边的蜗牛丝毫意识不到自己的危险处境。瞧，萤火虫就是在这些摇摆不定的枯草或麦根上把蜗牛麻醉了的。

为了更好地观察萤火虫捕食蜗牛的情景，我在实验室里的广口玻璃瓶中放进一些草、几只萤火虫和一些蜗牛。我取的蜗牛，大小比较适中，适合萤火虫的胃口。这一切准备工作就绪之后，我们所需要继续进行的工作就是等待，而且必须要耐心地等待。最为重要的一

名师导读 Mingshi Daodu

❶先总后分，简明扼要，统揽下文。
（先总后分）

❷用萤火虫的本能捕食方式对应人类的理性行为，赋予萤火虫一种高尚的悲悯情怀。

❸此情此景，蜗牛的处境越惬意，越安静，就越是暗藏杀机。为后来蜗牛被萤火虫捕获埋下了伏笔，让人为之紧捏一把汗。
（预设伏笔）

点是必须十分留心，时刻注视着玻璃瓶中发生的一切动静，哪怕是最微小的动作也不能轻易放过。因为，整个事情的发生是在非常不经意的时候，几乎就是一瞬间。所以，必须目不转睛地紧紧盯住瓶中的这些生灵。

终于，萤火虫开始靠近它的猎物，在蜗牛的身上打探着。蜗牛只把自己的外套膜的一点赘肉露在壳的外面。

[此时，萤火虫亮出了它的麻醉工具。这个工具非常微小，不借助放大镜是看不到的。麻醉工具由两片锋利的大颚组成，就像是两个弯曲的獠牙，獠牙上还有一条细钩。萤火虫就用这个简单的工具在蜗牛的外套膜上屡次轻轻敲击。此时的萤火虫依然是温和的神态，丝毫没有凶恶的表情，看上去并不像是在俘获猎取，倒像是在亲吻它的小伙伴。萤火虫每刺一下都要停一小会儿，它总是不慌不忙，很沉得住气。其实这样刺上五六下，蜗牛就已经动弹不了了，但是萤火虫并不肯就此罢休，它仍要再继续刺上几下。]❶

我曾经做过一个实验，当萤火虫在一只蜗牛的外套膜上刺了五六下之后，我把那只蜗牛拿了出来，并用一根针去刺它微露出的那部分，那部分肌肉被刺后没有出现一点儿颤动的迹象。我断定它确实是没有一点儿活气了。（为得出科学的结论，作者勇于求证。）

还有一次，我非常偶然地看到一只可怜的蜗牛遭受到萤火虫的攻击。[当时，这只蜗牛正在向前自由自在地爬行。它的足慢慢地蠕动着，触角也伸得很长。忽然，由于一下子的刺激和兴奋，这只蜗牛自己乱动了几下。之后，这一切马上就静止了下来，它的足不再向前慢爬了，整个身体的前部也全然失去了刚才那种温文尔雅的曲线。它的长长的触角也变软了，不再向上伸展，而是拖垂到下边来。从这种种表面的现象来看，这只蜗牛已经死了，已经到另一个世界里去了。]❷

然而，实际上这只蜗牛并没有真正悲惨地死去。（先抑后扬，充分调动读者的情绪，让人长松一口气，为蜗牛感到庆幸。）我把它隔离出来，并坚持给它洗淋浴，这样坚持了两三天，它竟然从昏迷不醒中慢慢苏醒过来，又恢复了知觉。这时我用细针来刺它的时候，它立刻就有了反应。这只蜗牛又可以爬动了，它晃动着触角，好像把前几天发生过的事情已经忘得一干二净了。

在人类懂得在外科手术中使用麻醉剂之前，昆虫界的一些小生物们就已经懂得了怎样去麻醉猎物。瞧，这些小昆虫往往都有高超的麻醉招数，它们会用自己的麻醉工具去击刺猎物的身体，从而麻痹它们的［中枢神经］❸，当猎物失去知觉以后，再把它们慢慢收入腹中。其实，昆虫们的麻醉技术要比人类高明得多。

蛍火虫为什么一定要先让蜗牛全身麻醉以后再去猎食呢？这可是有一定原因的。（自问自答，进一步肯定自己的判断。）如果蜗牛总是在地面上爬行，此时无论它是否把柔弱的身体缩在壳里面，萤火虫都可以轻而易举地对其进行攻击。因为这时候蜗牛的身体前部是完全暴露在外面的，所以萤火虫可以毫不费力地击刺它的肉体。

名师导读 Mingshi Daodu

❶ 娓娓道来的文字，看似平静的语调，貌似温和的气氛，实则弱肉强食、触目惊心，暗含着作者对萤火虫之凶残的无声谴责。
（细节描写）

❷ 不厌其烦，花费大量笔墨去描写蜗牛被杀死之前及之后的瞬间，充满了作者的悲悯和人性关怀。
（场景描写）

❸ 神经系统的主要组成部分，包括脑或神经索，脑神经节，脊髓等，负责接收全身传入的各种信息，并将其加工整合成协调的运动性传达给身体各部。

不过，蜗牛并不只是在地上爬行的，它还经常待在高处，喜欢吸附在高高的树枝或者植物的茎秆上，光滑的石面上也经常会看到它们的身影。这些地方，真可谓是天险，蜗牛只要紧紧地吸附在这些物体上，就可以让那些不怀好意的侵害者无计可施。

不过，小蜗牛要是稍一松懈，使它的壳的圆形开口与它的吸附物之间有了一点点缝隙，萤火虫便有机可乘了。无论缝隙有多小，萤火虫都会抓住时机，用它的麻醉工具迅速地刺进蜗牛的身体。这时，萤火虫便乘胜追击，接连再刺上几针，直到蜗牛一动不动。

萤火虫在击刺蜗牛的时候是小心翼翼的，它先是轻轻地刺一下，生怕蜗牛被惊动了，从而脱离了吸附物，从高处落到杂草丛生的地面上去，这样的话，萤火虫可就没有那么高的热情再去草丛中苦苦搜寻掉落的蜗牛了。要是那样，就代表萤火虫的麻醉计划已经失败了。所以，萤火虫在进攻时，尽量不去破坏蜗牛的平衡，让它在不知不觉中被麻醉，从而在睡梦中就成了自己的美餐。（通过详细的动作描写，将萤火虫刻画成了一个老谋深算、颇有城府的杀手，让人胆战心惊。）

萤火虫是怎样享用蜗牛的呢？它并不是通过咀嚼器官来磨碎食物的，而是将猎物转化成稀薄的流质，然后再吸食。（用自问自答的形式推进故事情节的发展。）

不管是多大的蜗牛，都由一只萤火虫来完成对它的麻醉，然后萤火虫的客人们陆续赶来，它们用自己嘴里的两个弯钩向蜗牛体内注射一种液汁，这种液汁可以将蜗牛肉变成液体。萤火虫们经过几次轻轻的刺咬，蜗牛的肉就已经变成了肉粥。然后萤火虫们便用那弯钩来吮吸蜗牛壳里的液体。

更为具体的情形和做法是这样的：萤火虫先使蜗牛失去知觉，无论蜗牛的身体大小如何。客人们也三三两两地跑过来了，它们和主人毫无争吵，全部聚集到一起，准备和主人一起分享食物。过了两三天以后，如果把蜗牛的身体翻转过来，把它的面孔朝下面放置，那样，它体内盛的东西，就会像锅里的羹一样流出来。这个时候，萤火虫的膳食也就基本结束了。

萤火虫享用完猎物后，还会清扫自己的头部、身体。难道它们身上有刷子吗？这就要来看一看它独特的身体结构了。（承上启下，自然过渡到下文。）

萤火虫不仅仅在草木的枝干或者光滑的石面上将蜗牛麻醉，还要在那种危险的地方把猎物吸食干净，这对于萤火虫来说应该是个高难度的动作。要是没有特殊的身体构造，萤火虫怎么能这样轻易地捕获和吸食猎物呢？

通过观察玻璃瓶中的萤火虫，我看到它总是小心翼翼地在玻璃壁上待着。玻璃瓶中的蜗牛经常会爬到瓶口处，而瓶口是由一片玻璃封着的。蜗牛就用一种有点黏性的液体吸附在玻璃瓶口处。然而，只要是有人稍微一触动玻璃瓶，蜗牛就会脱离玻璃的表面，坠落到瓶底。

萤火虫也常常会爬到瓶口处，但是要完成这个攀爬的任务，仅靠它腿部的力量是不够的，不过萤火虫有一种特殊的爬行器，那足以弥补它腿部力量的不足。

我们先来看萤火虫的猎捕过程。（娓娓道来，井然有序。）萤火虫在玻璃瓶口盯着蜗牛，一旦蜗牛与玻璃之间稍微有一点点缝隙，萤火虫便不失时机地刺向它，然后把它化成流质。等萤火虫吃饱喝足以后，剩下的蜗牛壳也就完全空了。但是，这个空壳依然粘在玻璃片上，并没有脱落。而且，壳的位置也一点儿都没有改变。蜗牛竟然这样没有一丝反抗，就不知不觉地被宰割了。

这一切向我们表明了一个事实：萤火虫的这种麻醉式的猎食，其技巧是何等的神妙，其功效又是何等的明显啊！（直抒胸臆，萤火虫之狡猾、老到跃然纸上。）

萤火虫必须要有一种有利的器官，让它不至于在还未触及猎物时便已从高空坠落。很显然，它那有些笨拙的腿脚是不够用的，那肯定就需要一种辅助的器官。

我用放大镜去观察一只萤火虫，发现在萤火虫身上确实长着一种特别的器官。就在萤火虫身体的下面，接近它尾巴的地方，有一些短小的细管。这些细管拢合在一起形成一束，就好像是一朵蔷薇花。（运用比喻，形象直观。）

正是这些小细管帮助萤火虫牢牢地吸附在光滑的表面上，它们在萤火虫爬行的过程中也起到了很大的作用。当萤火虫停留在光滑的表面上时，它就会散开那些小细管，利用它们的黏力而牢牢地附着在那些它想停留的支撑物体上。当萤火虫想在光滑表面爬行时，它便让那些小细管相互交错地一张一缩。

那些构成蔷薇花形的小细管并没有分成一节一节的，但是，它们每一个都可以向各个不同的方向随意地转动。那些小细管的作用，除了黏附光滑的表面，以及在危险处爬行，还具有第三种功能，那就是能当海绵刷子使用。萤火虫饱饱地吸食一顿后，当它休息的时候，便会利用这种自动的小刷子，在头上、身上到处进行扫刷和清洁工作，这样既方便，又卫生。萤火虫之所以能够如此自如地利用身体的这一器官，主要是因为那些吸管有着很好的柔韧性，使用起来相当便利。

萤火虫用刷子一点一点地从身体的这一端刷到另外一端，而且非常仔细、认真，几乎每个部位都不会被遗漏掉。可以说，萤火虫是一种非常爱清洁、注意文明修身的小动物。从它那副神采奕奕、得意扬扬、异常舒服的表情来判断，这个小动物对清理个人卫生这项工作还是非常重视的，也是非常有兴趣去做的。（既有科学的论断，也掺杂着自己的推测成分，显得不那么枯燥，增强了可读性。）

萤火虫最显著的特征除了它的取食方式，另一个就是它那尾部后方挂着的一盏小灯了。如果说萤火虫的猎食让我们看到了一幅凶恶的画面，那么在夏日的夜色里看到萤火虫的点点光芒便会让人觉得有些温馨了。（笔锋陡转，让读者松一口气，开始了解萤火虫温和的一面。）我们来仔细看一下雌性萤火虫的发光器官。

雌性萤火虫的发光器长在它身体的后三节。其中较前面的两节上的发光器是带状的，最后一节上的发光器则是两个新月形状的小点。带状的发光器和点状的发光器可以发出微微发蓝的、很明亮的亮光。其中带状发光器是成年的雌性萤火虫所独有的，也是发光的亮度最强的一部分。而雄性萤火虫只有后面的点状发光器，因此它们发出的亮光要比雌性的昏暗得多。

雌性萤火虫从刚出生到成熟的这一段时期内，它的发光器也只是尾部的那个点状地带。而当它要婚配生子时，则要点起带状的大灯，点亮了这盏灯，就等于是在宣布雌性萤火虫蜕变及发育时期的结束。而对于其他的昆虫来说，它们成熟的标志却是长出翅膀，可以在空中飞行了。

雌性萤火虫并不会长出翅膀，也不能飞行，它的带状灯光的亮起则是它的交尾期临近的信号。雄性的萤火虫在完全发育后，外形就会发生变化，它会长出翅膀和翼鞘。雄性萤火虫刚一孵化出来，也会亮起它尾部昏暗的灯光。

在萤火虫的家族中，尾部的光亮是伴随它们一生的，也是雌雄虫都具有的，这点光可以透过萤火虫的身体，在它们的背部和腹部都可以看得到。而亮度较强的光只有雌性成虫才能发出，这种光只能在腹部可以看到。

我曾经在显微镜下，观察过这两条发光的带子。在萤火虫的皮上，有一种白颜色的涂料，形成了很细很细的粒状物质。光就是发源于这个地方。在这些物质的附近，还分布着一种非常奇特的器官，它们都有短短的干，上面还生长着很多细枝。这种枝干散布在发光物体的上面，有时还深入其中。

[萤火虫能够发光，是氧化作用的一个很好的例证与说明。萤火虫的发光就是氧化的结果。那种形如白色涂料的物质，就是经过氧化作用以后剩下的余物。] ❶ 氧化作用所需要的空气是由连接着萤火虫呼吸器官的细细的小管提供的。至于那种发光的物质的性质，目前还没有人能够确切地知道。

[那么，萤火虫可不可以控制自己的发光呢？比如，它能否随心所欲地点亮或熄灭、增强或减弱所发出的光呢？如果可以的话，它又是怎样做到的呢？] ❷

原来，一些外界刺激会影响气管的运作，

名师导读 Mingshi Daodu

❶从物理现象到化学反应，既说明了大自然造化之神奇，又表明了作者涉猎范围之广、学识之渊博。

❷接连设问，随着需要解决的问题越来越关键、越来越迫切，真相呼之欲出。
（设问句）

❸出于科学严谨的态度，作者不厌其烦，做了种种实验。不论成果，单就其态度而言，就足以让人叹服。
（细节描写）

从而对发光产生影响。这还要考虑到两种情况：一个是成年雌虫才有的大光带，另一个是所有萤火虫都拥有光点。（考虑周全，态度严谨。）萤火虫身后最后一节的两个小光点，只要受到外界的一点点刺激，就会突然完全熄灭。我在夜间捕捉小萤火虫时，本来可以清楚地看到那个在草秆上的发光的小灯笼，可是只要不经意地弄出一点儿动静，那个小灯笼就会立刻熄灭，我只得放弃这个捕捉对象。不过，成年雌虫的光带即使受到了强烈的刺激，也不会有什么变化，或者只是有轻微的变化。

我捉了一些雌萤火虫，把它们关在一个较大的钟形金属网罩里。我在金属罩旁边放了一枪，那暴烈的声音竟然对萤火虫毫无影响。它似乎什么也没有听到，或是听到了，仍置之不理。它的光亮依然如故，没有丝毫的变化。

[于是，我又换了一种方法试探。我把冷水洒到雌萤火虫的身上，但是，这种方法也失败了。各种刺激居然都不奏效——没有一盏灯会熄灭，顶多是把光亮稍微停一下。左思右想，我又拿了一个烟斗，往金属罩里吹进一阵烟。这一吹，那光亮停止的时间长久了一些。还有一些竟然停熄掉了。但是，立刻那些小灯便又点着了。等到烟雾全部散去以后，那光亮便又像刚才一样明亮了。假如把萤火虫拿在手掌上，然后轻轻地捏它们一下。只要你捏得不是特别重，那么，它们的光亮并不会减少得很多。]❸

从各个方面来看，毫无疑问，萤火虫确实能够控制并且调节它自己的发光器官，随意地使它更明亮，或更微弱，甚或熄灭。

到现在，我们也还没有什么办法能让萤火虫们全体熄灭光亮。不过，有可能在某种环境之下，萤火虫可能会失去这种自我调节发光的能力。例如，从萤火虫发光的地方割下一小块皮来，它照样会发光。如果把这块皮放在有氧气的水中，光亮也不会减。但如果把这块皮放在那种已经煮沸的水里，由于那里已经没有了空气，光亮就会渐渐地熄灭。这正好证实了，萤火虫发出的光是氧化作用的结果。（承接上文，前后呼应。）

雌性萤火虫发光是用于吸引异性的。每当夜晚来临，雌萤火虫便躲到高处的枝条上，而且待在顶梢最显眼的地方。然后，它会扭动着自己的尾部，跳着激烈的体操。（拟人手法，活灵活现。）那些正好从此路过的雄性萤火虫便会很轻易地发现这盏不断闪烁的小灯。

雄性萤火虫也有一种器官，可以让它那微弱的光传到远处。它的护甲可以胀大成盾形，并伸到头部前面去，就像灯罩一样，可以把光芒聚集起来，使其亮度增强。雌雄萤火虫在交配的时候，彼此的光亮都会减弱，甚至是熄灭。交配过后，雌虫就会产卵。但是萤火虫丝毫没有家庭观念，更不要说母爱了。雌萤火虫随意把卵产在什么地方，例如地面上、草叶上等。而且，它产完卵后，就弃之不顾了，任它们自生自灭。

萤火虫的卵也是会发光的，它们还在母亲的腹部两侧待着的时候，就已经会发光了。谁要是去捏一下那大腹便便的待产雌虫，他的手上就会留下一些发光的痕迹。其实，那种就是从卵巢里挤出来的卵串所发出来的。

不久，卵就孵化成幼虫了。萤火虫的幼虫，无论是雌虫还是雄虫，它们身体的最末一节上都有小灯。在寒冷的季节，它们会钻进细腻松散的泥土中，即使在很浅的泥土里，它们也还是亮着微弱的灯光。大约到四月的时候，它们就会爬出地面，继续生长发育，直到成熟。

成年的雌虫会亮起它那盏明亮的灯，吸引着自己的伴侣。它们的灯光舞会往往会隆重地举行。

萤火虫发出来的光，虽然十分灿烂，但同时又是很微弱的。那种平静而柔和的光一点儿也不会刺激人的眼睛，像是在为自己留着一盏希望的灯。看过这种光以后，你便会很自然地联想到，这些小虫简直就像从月亮上掉落下来的一朵朵可爱的小花，还带着月亮的光辉呢！是啊，它们使得整个夏夜充满了诗情画意的温馨。（语言优美，想象奇特，充满了诗情画意，也给读者留下了无限遐想。）

名师赏析 Mingshi Shangxi

文章由浅入深，先是从日常现象着手，介绍萤火虫是一种常见的昆虫；然后步步深入，讲解了萤火虫的食性、猎食方法、身体构造、发光原理等。其中，作者对萤火虫发光的问题进行了多方面研究，又通过对比雌性和雄性、幼虫和成虫，解答了萤火虫为什么会发光的问题。诠释了科学道理后，作者用诗意的语言赞美了萤火虫身上不灭的、充满希望的光亮，给人以美的阅读体验，同时引发了读者更多关于生命的思考。

●好词好句

游荡　碎步　色彩斑斓　体格弱小　艳丽动人　地地道道
昏迷不醒　一干二净　高超　轻而易举　天险　不怀好意
乘胜追击　苦苦搜寻　不知不觉　三三两两　不失时机
弃之不顾　自生自灭　大腹便便

这些小虫简直就像从月亮上掉落下来的一朵朵可爱的小花，还带着月亮的光辉呢！是啊，它们使得整个夏夜充满了诗情画意的温馨。

●延伸思考

1.你见过萤火虫吗？综合这篇文章中萤火虫的特性，创作一篇关于萤火虫的童话吧。

2.雌性萤火虫和雄性萤火虫有什么区别？

Chapter 09 | 第九章

蜣螂

蜣螂也就是我们平常说的屎壳郎，也叫粪金龟，它的历史可算是非常悠久了。［早在六七千年前，古埃及的农民就在自己的农田里见到过蜣螂，它们肥肥的，黑黑的，忙忙碌碌地滚动着一个圆球似的东西。古埃及人认为，这个圆球是地球的模型，蜣螂转动这个球的动作和天上的星球运转一样。所以，在古埃及人看来，蜣螂一定懂得很多天文学知识，因而是很神圣的，于是把它叫作“神圣的甲虫”。］❶

古埃及人还认为，这种神圣的甲虫整天滚着的大球，里面装的是它们的卵，小甲虫就是从那里出来的。而事实上，那只不过是蜣螂储藏的食物，它是蜣螂用野外的垃圾搓成的。蜣螂要搓成这样一个球，是要费一番工夫的。蜣螂长有特殊的工具，非常适宜它的挖掘和搓卷工作：蜣螂的头部扁平，前面长着六颗牙齿，像一个钉耙，可以掘割东西；前腿坚固，呈弓形，上有锯齿，可以清扫障碍物；后腿细长，可以搓动、旋转收集在身体下面的垃圾。（先总后分，叙述很有条理。）蜣螂付出的劳动越多，它搓的球就会越大。我曾亲眼看到有些贪吃的家伙，把圆球做成了拳头那么大。（现身说法，增强可信度。）

圆球搓完以后，蜣螂就开始用后腿抓紧球，抬高臀部，头朝下，用前腿走路，不过它是倒退着走的。（动作描写具体而生动。）它还专门拣那些坑洼不平的道路走，甚至选择走非常陡峭的斜坡。球很重，而它又要倒退着走，所以，整个路途是非常艰难的，往往会出现球滚落到坡下面去的情况。［它一回又一回地向上爬，一不小心就会前功尽弃，一根草根就能把它绊倒，一块石头就会使它失足。］❷ 可是蜣螂从不气馁，它总要经过一二十次的努力，才把大球推到目的地。

做成一个食物球，也需要付出艰辛的劳动，所以，难免会有一些蜣螂想坐享其成。它们看见有的同伴已经做好了一个大大的食物球，便会想方设法地窃为己有。有的蜣螂会凑过去，向球的主人发起突然袭击。两个蜣螂因此扭打在一起，一决高低。［不过，有些窃贼却不直接采用武力，它会假装帮同伴一起推，其实它并没有真使劲。等到达了目的地，球的主人开始挖掘土穴，准备把球埋在里面。此时，那只虚情假意前来帮忙的蜣螂便在球旁假装睡着了。待主人把球埋好，安心地离开了，那只窃贼便会赶紧把球推出土穴，将它推走。若是这一切被主人发现了，窃贼就会改变推球的方向，假装是在阻止球自行滚下斜坡，而主人又会和它一起把球推回穴中。说不定主人还对窃贼感激不尽呢。］❸ 若是那个窃贼偷盗成

名师导读 Mingshi Daodu

❶ 用古代的趣闻来开题，奠定全文轻松的氛围，并吸引读者。

❷ 表现了蜣螂滚粪球之艰难，同时也从侧面反映了蜣螂执着且笨拙的特点。

❸ 用讲述故事的口吻，详细描写了偷粪球的蜣螂之狡猾，让一个贼头贼脑、心怀不轨的胖蜣螂的形象活灵活现，跃然纸上。（细节描写）

功了，球的主人则只能是自认倒霉了。不过，它还会打起精神，再去做一个新的球。这种百折不挠的精神实在是令人敬佩！

那个食物球的储藏室是一个在松软土壤或者沙土上挖掘而成的土穴，容积跟这个食物球的大小相当。蜣螂把食物球推到里面后，还会用一些杂物把进出口塞起来。在以后的一两周时间里，它就可以慢慢享用这个大食物球了。

把食物储藏好后，蜣螂便开始产卵。关于蜣螂产卵的情形，是我认识的一个放羊的孩子告诉我的。（插叙手法，引出下文。）在六月的一个星期天，这个男孩来找我，手里拿着一个奇怪的东西，看起来像个梨，只不过颜色是褐色的，摸上去很坚固，样子很好看。他告诉我，这里面一定有一个卵，因为有一个同样的梨掘地时被偶然弄碎了，里面就藏着一粒像麦子一样大小的白色的卵。（把卵比喻成麦子，形象直观。）

为了求证这件事，第二天早晨，天刚蒙蒙亮，我就跟男孩去寻找蜣螂的巢穴。因为蜣螂的地洞上面总有一堆新鲜的泥土，所以我们很快找到了。我的小伙伴用小刀铲把洞穴挖开来，在潮湿的泥土里，我发现了一个精致的“梨”！对于这个新发现，我高兴坏了。

这个“梨”也是用原野里的废物做成的，只是原料要精细一些，因为这是母蜣螂专门为自己的后代准备的。当小蜣螂从卵里跑出来的时候，还不能自己寻找食物，所以母亲将它包在最适宜的食物里，它可以立刻大吃起来，不至于挨饿。（慈爱的母蜣螂心思缜密，为孩子考虑得非常周到。）

卵是被放在“梨”的比较狭窄的一端的。这是因为，每个有生命的种子，无论植物或动物，都是需要空气的，就是鸟蛋的壳上也分布着无数个小孔。

假如蜣螂的卵是在“梨”的最后部分，它就闷死了，因为这里的材料粘得很紧，还包有硬壳。所以母蜣螂预备下一个精致透气的小空间，薄薄的墙壁，给它的小蛴螬居住。（其设计巧妙，符合科学原理。）在它生命最初的时候，甚至在梨的中央，也有少许空气，当这些已经不够供给柔弱的小蜣螂消耗，它要到中央去吃食时，已经很强壮，能够自己支配一些空气了。

当然，“梨”大的一头，包上硬壳子，也是有很好的理由的。蜣螂的地穴是极热的，有时候温度竟达到沸点。这种食物，经过三四个礼拜之后，就会干燥，不能吃了。如果第一餐不是柔软的食物，而是石子一般硬得可怕的东西，这可怜的幼虫就会因为没有东西吃而饿死了。

在八月的时候，我就找到了许多这样的牺牲者，这些可怜的小东西被烤在一个封闭的炉内。要减少这种危险，母蜣螂就拼命用它强健而肥胖的前臂，压那“梨”的外层，把它压成保护的硬皮，如同栗子的硬壳，用以抵抗外面的热度。在酷热的暑天，管家婆会把面包摆在闭紧的锅里，保持它的新鲜。而昆虫也有自己的方法，实现同样的目的：用压力打成锅子的样子来保藏家族的面包。（通过比照人类的活动，说明蜣螂的智慧也不可小觑。）

蜣螂是怎样做成这个大“梨”的呢？我曾经观察过蜣螂在巢里的工作：只见它先收集好材料，然后把自己关闭在地下洞穴，专心致志地做这个大“梨”。按照平常的方法，蜣螂先把田野里的废弃物搓成一个球，然后把它推到合适的地点。在推行的过程中，这个球又会沾上一些泥土和细沙，从而使表面变得坚硬。不过，有的时候，蜣螂会把不成形的材料直接藏入地穴中，然后在里面进行加工，把那不成形的材料做成一个精致的大“梨”。

蜣螂先做成一个完整的球，然后再环绕着球做成一道环，通过在这道圆环上不断施加力，使环成为一道深沟。这样在球的一端就形成了一个凸起，在凸起的中央再慢慢施加压力，就会形成一个凹穴，这个凹穴就像一个火山口。凹穴的开口处很厚，而随着凹穴慢慢变深，边缘就渐渐地变薄了。最后，整个球就成了一个大袋子，蜣螂把袋子的内部磨光，然后把卵产在这个梨形的袋里，最后再用一束纤维将袋的口塞住。

用这样粗糙的塞子封口是有理由的，蜣螂把“梨”的其余部分都用腿重重地拍过，只有这里不拍。因为卵的一端朝着封口，假如塞子遭到重压，深入“梨”内，里面的卵孵化而成的蛴螬就会感到痛苦。所以蜣螂就把口塞住，却不把塞子撞下去。（只有负责任的母亲，才能把孩子的“育儿室”做得如此周到细致。）

卵在“梨”里面待上十天左右，就会孵化成蛴螬了。蛴螬刚刚从卵里孵化出来时，身体还比较柔弱，它们还不能自己跑去寻找食物，所以，有了这个大“梨”，它们就不至于挨饿了。它们聪明得很，总是朝厚的方向去吃，不致把梨弄出小孔，使自己从空隙里掉出来。在“梨”的滋养下，蛴螬很快就变得肥硕起来。它们的皮肤是透明的，如果对着光线，我们甚至还能看得到它们的内部器官。

经过第一次蜕皮，蛴螬还没有长成完全的蜣螂，但是已经有了蜣螂的形状，大致能辨别出来了。很少有昆虫能比这个小动物更美丽，它们的翼盘在身体中央，像折叠的宽阔领带；前臂位于头部之下，半透明的黄色看起来貌似水晶的光芒。（连用比喻，充分说明了蜣螂幼虫之美。）大概四个星期后，它再蜕掉一层皮，这时，它的体色是红白色的。在变成黑色之前，幼虫要换好几身衣服，其间体色逐渐变深，表皮硬度也逐渐加强，直到披上角质的盔甲，长成一只真正的蜣螂。

在此期间，幼虫一直住在地底下梨形的巢穴里。它很渴望冲出硬壳，出来透口气、晒晒太阳。但它能否成功，取决于环境。（制造悬念，引起下文。）

蜣螂准备从地下的洞穴里出来了，这一般是在每年的八月份。八月是一年之中最炎热的，也往往是很干燥的季节。所以，在夏日阳光的暴晒下，土地早已成为硬砖头了。如果没有雨水来软一软泥土，这些蜣螂的幼虫要想冲开硬壳，打破墙壁爬出来，是无望了。

我也曾做过这种实验，将干硬壳放在一个盒子里，保持其干燥，或早或迟，会听见盒子里有一种尖锐的摩擦声，这是囚徒（借喻的修辞手法）用它们头上和前足的耙在那里刮墙壁，过了两三天，似乎并没有什么进展。于是我加入一些助力给它们中的一对，用小刀戳开一个墙眼，但这两个小动物并没有比其余的更有进步。不到两星期，所有的壳内都沉寂了。这些用尽力量的囚徒，都已经死了。

于是我又拿了一些同从前一样硬的壳，用湿布裹起来，放在瓶里，用木塞塞好，等湿气浸透，才将里面的潮布拿开，重新放到瓶子里。这次实验完全成功，壳被湿气浸软后，遂被囚徒冲破。它勇敢地用腿支持身体，把背部当成一条杠杆，认准一点顶和撞，最后，墙壁破裂成碎片。（动作描写精彩生动，写出了蜣螂幼虫强烈的求生本能。）如此，每次实验，蜣螂幼虫都能从中解放出来。

在天然环境下，这些壳在地下的时候，情形也是一样的。当土壤被八月的太阳烤干，硬得像砖头一样，这些小家伙想要逃出牢狱，就不可能了。不过要是偶尔下一阵雨，硬硬的土地就会变得松软一些。这时，蜣螂的幼虫们再用背推撞几下、用腿挣扎一会儿，就能破土而出，获得自由了。

刚钻出土地的时候，小蜣螂们还不太关心食物，而是马上跑到有阳光的地方晒会儿太阳。等浑身暖和以后，它们就要吃东西了。它们会像妈妈一样，去做一个食物圆球，然后再挖一个储藏室，储藏食物。（呼应开头的情景，同时说明生命就是一场场轮回。）这些都是小蜣螂们独立完成的，完全不需要蜣螂妈妈们来教。

名师赏析 Mingshi Shangxi

说起蜣螂，你可能会有点陌生，因为在都市中很少见到它的身影。全世界有两万多种蜣螂，分布在除南极洲以外的任何一块大陆上，生命力极其顽强。在这一章中，作者详细介绍了蜣螂的外形、觅食、地穴、产卵、孵化等，让人对蜣螂有了较为全面的认识。其中运送粪球和偷粪球的情节尤其精彩，动作描写生动形象，心理描写惟妙惟肖，语言风趣幽默，表现了作者对于昆虫的尊重和热爱。

●好词好句

忙忙碌碌　坑洼不平　坐享其成　窃为己有　一决高低
自认倒霉　百折不挠　肥硕

它一回又一回地向上爬，一不小心就会前功尽弃，一根草根就能把它绊倒，一块石头就会使它失足。

半透明的黄色看起来貌似水晶的光芒。

●延伸思考

1. 蜣螂有“自然界清道夫”的称号，你知道这是为什么吗？

2.除了“屎壳郎”，你知道蜣螂还有哪些别称吗？

Chapter 10 | 第十章

寻找枯露菌的甲虫

在讲甲虫之前，我先来讲一下我的狗朋友，它会找枯露菌。（开篇即转移话题，吸引读者的注意力。）枯露菌是一种生长在地下的蘑菇。狗常常被派去做这种工作。我的狗非常幸运，有好几次跟着一只极有这方面经验的狗一起出去工作。而那只狗，那位我急于见识一下的找蘑菇专家，实在是其貌不扬，它看起来就是一只极为普通的狗，态度平静而从容，又丑又不讲卫生。（狗也不可貌相，行文俏皮活泼。）总之，它绝对不是那种你能让它歇在自家壁炉边的狗。不过，它的确是一个名副其实的找蘑菇专家。

这只狗的主人，是村里有名的枯露菌商。他起初怀疑我要跟他进行商业竞争，后来得知我只是想采集地下植物的标本，才勉强答应把狗借给我，并允许我和他一同出去工作。

我们有言在先，谁都不能干涉狗的行为，而且只要它发现一种菌类，不管那是人们喜欢吃的蘑菇还是不能食用的蘑菇，都得奖励它一片面包。狗的行为很随意，有时候找的蘑菇绝对卖不出去。

不过，对我的研究课题而言，蘑菇能不能吃一点也不重要，我的目的和枯露菌商人的有所不同。（制造悬念，激发读者的好奇心，调动读者的积极性。）

我们每次出去都大有收获。一路上，这只忙碌的狗慢慢踱着步子，不停地用鼻子使劲儿嗅着。每走几步，它就要停下来，用鼻子测试一下泥土。它经常是扒几下土，然后信誓旦旦地望着主人，似乎在说："就在这里！就在这里！我以我的名义担保！这里有蘑菇！"（生动的动作描写加心理揣测，使文章饶有趣味。）

它说得一点儿都没错。主人很信任它，按照它指示的方向掘下去。如果主人的铲子掘得偏了，它就会赶紧发出一声鼻音，提醒主人如何把铲子放到正确的位置。这样掘下去，从来没让人失望过。狗的鼻子果然名不虚传，从不说谎。

它指示我们挖掘出各种各样的地下菌类：大的，小的，有气味的，没气味的……当我收集着这些蘑菇的时候，我非常惊奇，这里面几乎包括了附近一带所有的地下蘑菇品种。

是不是那种我们常认为的嗅觉在帮助狗找寻蘑菇呢？我不太相信，如果完全靠嗅觉，它绝对不能找出这么多气味完全不同的菌类来。它一定还有一种我们所没有的感觉。

通常，我们用人类的标准去推测一切未知的事物时，往往就是错误的开端。（作为一个博物学家，作者具有怀疑精神，善于从多角度着眼去思考问题。）在这个世界上，有许多种感觉是我们人类所不知道的。而这种感觉，在昆虫中更加明显。（过渡自然，主角正式登场。）

现在我们来说说非常善于寻找这种小蘑菇的甲虫吧。这种小甲虫十分美丽，它的身躯又粗又小，肚皮上长着一小片绒毛，形状是圆的，像一粒樱桃核。（外貌描写，生动形象。）如果它用翅膀的边缘去摩擦肚皮，就会发出一种柔软的"唧唧"声，好像表演小提琴独奏。此外，这种甲虫的雄虫头上还长有一个美丽而威武的角。

我们一家人都非常喜欢到一个长满蘑菇的松树林里游玩。就是在那里，我发现了这种寻找枯露菌的甲虫。那个松树林非常美丽，尤其是在秋高气爽的日子里，在那里会大有收获的。

那片树林很热闹：树林里的老树上有喜鹊的巢；饶舌的小鸟们在欢快地歌唱；兔子们翘着短尾巴，互相追逐、嬉戏；林间的小河缓缓流淌。（用轻快的语言描绘了一幅欢乐的场景，让人心生向往。）中午，我们就在这片松林中野餐，一边吃着东西，一边聆听着微风吹过枝头而奏出的美妙音乐。对孩子们来说，这是个真正的乐园；对大人而言，这也是个放松身心的好地方。

每次来，我都会把精力集中到那些会寻找蘑菇的甲虫身上。那些甲虫的洞到处可见，而且洞口是开着的，在洞口边堆着一小圈疏松的泥土。它们的洞大约有几寸深，一直向下，往往建在比较松的泥土中。

我试图用小刀子把它们从洞里挖出来，可是连挖了好几个洞后，我才发现这些洞都是空的。原来，甲虫们已经搬家了。显然，它们是在这里完成了一些工作后，便迁居到别处了。看起来，这些洞穴都建得比较简单，所以，甲虫可以随时离开，去别处另筑新巢。据我所知，它们经常在夜里搬新家。

有时候，我也侥幸在一些洞穴底部发现甲虫，但是里面通常只有一只甲虫，要么是雌性，要么是雄性，从来没有发现雌性和雄性在一起的。可见，它们的洞并不是供家庭使用的，而只是那些独身甲虫的居所。

有一次，我在洞里看到一只甲虫正抱着一块小蘑菇啃着，显然它已经吃完了一部分，现在已经很累了。不过，它还是紧紧地抱着蘑菇，生怕被人抢走。（观察细腻，刻画了甲虫贪吃的模样，引人发笑。）这种蘑菇可是它的宝贝，从它周围许多吃剩的碎片也可以看出，这只甲虫已经美美地吃过一顿了。

我把甲虫抱着的一小块蘑菇捏起来仔细察看后发现，它跟枯露菌很像，应该是一种很小的地下菌。从这一点来看，我们就应该明白这种甲虫为什么要经常换新居了。

小甲虫喜欢在静静的黄昏时从旧居中爬出来，悠闲自在地一路低吟，一路探寻。（用拟人手法，写出了小甲虫寻找美食时的快乐心情。）它仔细地检查着土地，探究地下所埋的东西。它凭着灵敏的嗅觉可以知道哪个地方会埋着自己爱吃的那种菌，也可以知道那些泥土肥沃的地方，地下也许并不会有菌类。一旦它判定某一处地下有菌类，便会一直往下挖，结果总能找到那种菌，百发百中。

它为了挖掘食物而挖出的洞成了它的临时住所。在食物没有吃完之前，它是不会离开那个地方的，它会一直在洞底快活地吃着，毫不在意洞口是开着还是关闭。

等洞里的菌都吃光了，这种甲虫就该搬家了。它会毫不犹豫地离开，再寻找下一个落脚点，挖出美味的蘑菇。从当年的秋季一直到第二年的春季，这种甲虫就这样在不断的探寻和搬迁中过日子，“打一枪换一个地方”，（巧用俗语，使读者更易于理解。）从一个洞搬到另一个洞。虽然有些辛苦，但是这段时间是菌类生长的季节，所以甲虫们即使再辛苦也心甘情愿。

最让人感到奇怪的是，这种甲虫是怎样从地上探寻到地下生长的菌的呢？这种菌并没有什么特殊的气味，甲虫真的是依靠灵敏的嗅觉吗？（提出一连串问题，引发读者思考。）

也许这种聪明的甲虫有自己独特的办法，我们人类至今也无法知晓其中的奥秘。

名师赏析 Mingshi Shangxi

文章名为“寻找枯露菌的甲虫”，开篇却详细描写了猎狗寻找蘑菇的场景，这种开头方式极为巧妙，吊足了读者的胃口之后，再请主角隆重登场。接着，作者介绍了这种小甲虫的住所、食性以及流浪的习性，但对于靠什么寻找到枯露菌的这个问题，却没有给出答案，引发读者思考，从而对昆虫学产生浓厚兴趣。全篇语言优美，笔调欢快，关于小甲虫的想象也非常奇特，给人以美的阅读享受。

好词好句

其貌不扬　信誓旦旦　名不虚传　百发百中　毫不在意

树林里的老树上有喜鹊的巢；饶舌的小鸟们在欢快地歌唱；兔子们翘着短尾巴，互相追逐、嬉戏；林间的小河缓缓流淌。

聆听着微风吹过枝头而奏出的美妙音乐。

小甲虫喜欢在静静的黄昏时从旧居中爬出来，悠闲自在地一路低吟，一路探寻。

延伸思考

1.大胆地想象一下，甲虫是靠什么找到枯露菌的呢。

2.除了狗，你知道还有哪种动物的嗅觉特别灵敏吗？

Chapter 11 | 第十一章

金步甲

[金步甲是消灭毛虫的能手，所以被人们称为园丁，这应该是对它的褒奖了。但是我要向大家介绍的是金步甲的另一面，也就是它残忍的一面。金步甲能吞吃一切它所能战胜的猎物，它们甚至会吞食自己的同类，毫不留情。] ❶

春天来了，我到离家不远的荒野里去捉金步甲。我翻开那里的石板，细细地寻找着，只要一发现，就会把它捉住，不在乎它是雌虫还是雄虫。因为单单从外表来看，金步甲是很难分辨出雌雄的。就这样寻找了几天，我一共捉了二十几只金步甲，把它们都放在了一个装有少量土的大玻璃瓶里。

在昆虫界，金步甲可谓一表人才，它穿着黑色外衣，身体闪着黄铜色或金色的光辉。利落的鞘翅，配上一对细长的触角，身材苗条，显得雍容华贵。（用拟人手法，塑造了金步甲相貌堂堂、华贵俊美的形象，这种外貌描写精彩有趣。）

有一天，我在一棵梧桐树下又遇到一只金步甲，便小心翼翼地把它捏了起来，仔细一看，才发现它的鞘翅末端已折断。[这只小甲虫为什么会受伤呢？也许是刚刚跟同伴打了一架吧。] ❷ 幸运的是，它伤得并不很严重。我把它也放进了那个大玻璃瓶里，让它和那二十多只金步甲居住在一起。

接着，我又往瓶子里放了一些蜗牛、蚯蚓和毛虫之类的小昆虫，因为这些都是金步甲们喜欢吃的。我想，如果那些健全的金步甲吃饱了，或许就不会再欺负这只受伤的伙伴了。（展现了作者的仁慈与善良，对受伤的小甲虫充满了怜悯之情。）可是，当我第二天再来看望它们的时候，那只受伤的金步甲已经死了。它的腹部已被掏空，只剩下一个空壳，它的爪子、头和胸却毫无损伤。

［为什么这些并不饥饿的金步甲仍然要把自己受伤的伙伴吃掉呢？难道在金步甲的世界里有这样一种惯例——要使受伤的同伴提早结束生命？或者还有一种可能，即那只鞘翅残缺的金步甲把肉身露在外面，这让同伴们都误以为它是味美的猎物。那么，如果这只金步甲并没有受伤的话，它的同伴会不会与它和睦相处呢？］❸

通过观察，我发现瓶里的那二十几只金步甲在一起生活得比较和睦，几乎不曾打斗过。它们吃饱了，就把自己的半个身子埋在土里，彼此挨得很近，待在各自的土窝里打着盹。（一片祥和，怎么看也不像是凶杀现场。）

我掀开瓶口的盖子时，那些小家伙们立刻都被惊醒了，它们离开土窝，四处奔逃。不

名师导读 Mingshi Daodu

❶开门见山，奠定了全文的阴暗基调，即揭示金步甲残忍的一面，让读者做好心理准备，同时也充分抓住了读者眼球。这种写作手法值得借鉴。
（开篇点题）

❷作者在叙述过程中不时加入自己的想象和推断，使得故事充满了神秘感，增强了可读性。

❸接连设问，叙事节奏紧凑，使得瓶子内小小的金步甲的世界疑云密布，充满了悬疑感和紧张感。
（设问句）

过，当它们互相碰撞时，却并不发生冲突，似乎彼此间和睦的关系已经很稳固。它们这种和睦的关系会不会一直维持下去呢？答案是否定的。

[就在六月初的一天，我发现瓶里的一只金步甲死了。它跟最初死掉的那只金步甲一样，其他肢体没有脱落，只是腹部被掏空了。从诸多情形来看，它丝毫没有在生前受过伤的迹象。

几天过后，又有一只金步甲遭到了同样的厄运。它腹部朝下待在那里，看上去好像是完好无损的，可当我翻过它的身体时才发现，它已经是一个空壳了。没过多久，另一只金步甲也同样被杀了。] ❶

就这样，瓶里的金步甲一只只地死去，我对此充满了疑虑——这些金步甲是怎样吃掉自己的同伴的呢？它们又是为什么要吃掉自己的同伴呢？为了弄清楚真相，我开始更密切地观察那些金步甲的活动。功夫不负有心人，终于有两次，我亲眼看到了金步甲残害同伴的过程。

第一次，（用词严谨，井然有序。）我看到一只雌虫在摆弄一只雄虫（经过长时间观察，我发现雄虫的体形比雌虫小一些，所以能够辨认出来）。雌虫进攻雄虫时，先撩起雄虫的鞘翅，然后从背后咬雄虫的腹部末端。此时的雄虫并不虚弱，可是它没有进行激烈的反抗，只是试图把身体从雌虫嘴部的小钩上挣脱。看起来，雌虫和雄虫像是在进行拔河比赛，雄虫一会儿前移，一会儿后退。大约十几分钟过后，那只雄虫突然挣脱开，急急忙忙地逃走了。如果它最后没有挣脱开，大概早已经成为另一个牺牲者了。

第二次，我又看到了与上一次非常相像的场景，只不过这一次的雄虫没有上一次那只幸运罢了。这次仍然是一只雌虫从雄虫的后面展开进攻，雄虫也拼命地想逃脱，可是任它怎样努力，都没有成功。[最后，雌虫在雄虫的腹部豁开了一个大口，然后把头钻进去，啃食它硬壳底下的软组织。那只雄虫浑身不停地颤抖着，但雌金步甲没有丝毫的怜悯之情，它把头伸入雄金步甲胸腔中狭窄的地方，把里面的肉质打扫干净。] ❷ 最后，那只雄金步甲死了，只剩下一对抱合在一起的鞘翅，还有那残剩下来的前半个身子。这遗骸被静静地丢弃在一旁。（静态描写，暗含着作者无声的谴责与愤慨。）

在接下来的日子里，我经常看到那个大瓶子里有新的雄虫遗骸，最后瓶子里只剩下五只雌虫了，那些被吃掉的都是雄金步甲。根据这段时间的观察结果，我能肯定：（仔细观察后得出的结论，令人信服。）那些雄金步甲都是死于这五只雌金步甲之手，它们先被剖腹，然后被掏空。

每当雌金步甲发动攻势时，雄金步甲总是不采取反击，只是消极地躲闪。其实，如果雄金步甲拼力反抗，很可能战胜雌金步甲，而不至于落得个被剖腹的下场。

[为什么雄金步甲对前来咬食它的雌金步甲如此宽容呢？这种宽容不禁让我想起了那些甘愿被雌螳螂吞吃的雄螳螂，还有那些在婚姻终结时无怨无悔地把自己的身体献给伴侣的雄朗格多克蝎子。在飞蝗类的昆虫中，也存在雌虫吞食雄虫的例子，但它们的方式要温和得多。] ❸

名师导读 Mingshi Daodu

❶ 详细交代了金步甲陆续死亡的时间和惨状，营造出一种连环杀人案的感觉，让读者不禁对这个小瓶子里发生的事极度好奇，期待作者尽快揭示真相。
（制造悬疑气氛）

❷ 用词准确生动，通过细节描写，勾勒出雌金步甲凶残的性情，同时对雄虫寄予了深深的同情。
（细节描写）

❸ 同样是同类相残，但对比之下，只有金步甲的方式最残忍，让人毛骨悚然，对这种看似不起眼的昆虫心生抵触。
（对比手法）

要知道，其他昆虫通常是等自己的伴侣死后才去吞食的，而并不是在对方还活着的时候就硬生生地吃掉。

据我推测，如果是在野外，一只雌金步甲在交尾期过后遇到一只雄金步甲，照样会将对方当成猎物，发动凶猛袭击并将它吃掉。虽然我翻过许多石块，一直没能亲眼见到这种场面，但玻璃瓶里发生的一切已经足以证明这一点了。金步甲的世界是多么残忍啊！一个悍妇，一旦怀有身孕不再需要自己的情人时，就会直接把它吃掉！（连用感叹句，表达了作者强烈的愤慨和指责。）

爱情既过，同类相食。我想这可能在某种程度上与食性有关。譬如白面螽斯和绿螽斯，它们遇到一只死去的雄螽斯，如果那是它的前夜情夫，那它一定不会口下留情。还有性情温和的蟋蟀，也会突然变得乖戾起来，把曾向自己献上痴情小夜曲的雄性打翻在地，扯断它的翅膀，叼下对方身上的肉。（拟人手法，赋予昆虫以人的性情，方便读者理解。）由此可见，雌性昆虫对于交尾过的雄性是多么的厌恶！但这种残酷食性究竟是出于什么原因？我想只要能具备条件，我一定会把这个问题彻底搞清楚。

金步甲喜欢吃害虫，因此被称为保护菜园、花圃的乡野卫士。那么金步甲都会吃哪些害虫呢？（从侧面说明对于庄稼而言，金步甲算得上是一种益虫，也有值得肯定的一面。）它们又是如何来享用那些美食的呢？对于这些问题，我在大玻璃瓶里养的那二十多只金步甲曾为我的研究提供了莫大的帮助。

这些金步甲待在大玻璃瓶里，阳光把它们的身子照得暖暖的，它们把肚子埋在沙土里，不停地磨蹭着，就好像是在摩拳擦掌，准备大吃一顿。我也很乐意在给它们的食物上不停地变换花样，以观察它们爱吃哪些东西。

一开始我给那些金步甲吃的是毛毛虫，而且是不带刺的松毛虫。我把许多松毛虫一起放入大玻璃瓶，那些松毛虫排成一串，扭动着身子在玻璃瓶的壁上向下爬着。而此时正在瓶底打着盹儿的金步甲们，好像是嗅到了猎物的气味，立即清醒过来。（伺机而动，生动描绘出动物捕食猎物的本能。）

有一只金步甲首先向着松毛虫冲了过来，接着又有两三只金步甲紧随其后，后来所有的金步甲都活跃起来，有的甚至从沙土里猛地钻了出来。这支浩浩荡荡的金步甲队伍，向松毛虫展开了进攻。柔弱的松毛虫哪里抵挡得住？眨眼间就被金步甲们撕成了碎块。

金步甲们有的咬住松毛虫的头，有的咬住背部，有的咬开肚子……（用列举说明的方法勾勒出金步甲抢吃食物的混乱场景。）松毛虫体内鲜绿的汁液流淌了出来。松毛虫们奋力地挣扎着，可是它们已无路可逃，有少数聪明点儿的钻进沙土里，暂时保住了性命，可它们一旦想钻出来透透气，却又难逃厄运，仍被金步甲们置于死地。

金步甲们撕扯着松毛虫，拽下一块肉，便马上跑到一旁，避开其他的同伴，独自去享用。一块肉吃完了，它又会马上回去再撕一块。正当它用嘴叼着一大块肉想溜到一旁慢慢去吃的时候，不巧正碰上几个回来取食的同伴，它们会毫不客气地去咬那块肉，拉拉扯扯地争抢着。抢食者与被抢者各不相让，最后那块肉又被撕成小块，几个金步甲便各自吞吃起来。

几分钟的时间，那些松毛虫都被消灭殆尽，战场上只剩下了更加威武的金步甲和松毛虫的碎渣。

毛虫中有像松毛虫那样身上不长刺的，也有全身长着刺的，比如刺毛虫。金步甲对松毛虫有着如此强烈的食欲，它们对刺毛虫的反应又该如何呢？

刺毛虫全身的毛刺很密，那些毛刺是黑红色的，看起来非常坚硬。我把刺毛虫放进了那个大玻璃瓶内，然后仔细观察着里面的动静。最初，金步甲和刺毛虫们倒还相安无事，金步甲对那些满身带刺的家伙们并不感兴趣。

过了几天，有几只金步甲试着去打探这些“新朋友”（巧用引号，表示否定和讽刺）的底细，看看它们的毛刺到底有多坚硬。它们围绕着刺毛虫转了几圈，慢慢地靠近，但是，刺毛虫一旦用那又厚又长的毛刺抵挡这种进攻，金步甲就不得不退了回去。

［为了加快我的实验进程，自从把刺毛虫放进大玻璃瓶里，我再也没有给金步甲们放入任何其他的食物。金步甲们好几天都没有进食了，应该已经饿得发慌了。这时，它们只能再壮起胆子，向那些刺毛虫发起攻击。］❶

［最初，先有四只金步甲把一只刺毛虫围了起来，这只刺毛虫有些惊慌，不知道该先去抵挡哪一只金步甲。就在它犹豫不决的时候，金步甲们已经开始互相配合着从它的前面和后面发起了冲击。最后刺毛虫还是被制服了，那些长刺并没有最终保住它的性命。］❷

金步甲喜欢吃各类毛虫，只要那毛虫的体形不是太大，也不是太小。太大了金步甲难以对付，太小的它们又不屑于去猎食。另外，像粉蝶毛虫那样不喜欢在地上爬行，而是待在高处的毛虫，金步甲也总是望尘莫及的。因为金步甲既不善于爬高，也不怎么喜欢攀缘，所以那些居住在树上或者高秆植物上的毛虫就不会受到金步甲的威胁了，幸运地逃过了一劫。

鼻涕虫（一种软体动物，雌雄同体，外表看起来像没壳的蜗牛，体表湿润、有黏液）是一种常常出没于夜间、喜欢偷吃嫩菜叶的毛虫，这种害虫是金步甲喜欢吃的猎物，因为它们比有甲壳抵挡的蜗牛更容易肢解。尤其是那种长得肥肥胖胖的灰色鼻涕虫，如果碰到三四只金步甲，很快就会被它们分解并吞吃掉。我还注意到，鼻涕虫背上的一个部位有一层内壳保护着，那个部位的肉最为鲜美，也是金步甲们最喜欢吃的。（观察细致入微。）

看来，金步甲确实是捕食毛虫的能手，这一点无可辩驳。除了毛虫，金步甲还有没有其他钟情的美食呢？我又捉来几条蚯蚓放在玻璃瓶里，金步甲们一见到猎物便围堵过来。

粗壮的蚯蚓不停地扭动着身体，它试图用这种办法甩掉进攻的金步甲，可事实上这些都是徒劳的。在金步甲们的轮番攻击下，蚯蚓身体上的那层坚硬的皮还是被金步甲们给撕裂了，身体也被扯成了几段。

此时，所有的金步甲都围了上来，一起享用这胜利的果实。直到吃得一个个肚子鼓胀，金步甲们才心满意足地陆续离开猎物。（生动描绘出金步甲吃饱喝足后心满意足的样子。）

金步甲也吃［鞘翅目］❸ 的其他昆虫，只

名师导读 Mingshi Daodu

❶通过激发金步甲的生存本能，来逼它们使出绝招，以凶残的本来面目示人。

❷生动描绘了刺毛虫深陷敌人包围圈的场景，让人想起影视剧中常出现的战争场面，对孤军奋战的刺毛虫充满了同情。
（场面描写）

❸昆虫纲中的最大一个目，通称甲虫。其体形大小差异很大，但都身躯坚硬，前翅为角质硬化的鞘翅，覆盖于身体背部。目前全世界已知鞘翅目昆虫种类有33万种，金步甲属于其中的步甲科。

是在猎食时要费些劲儿，而且还要等待有利时机。

我在大玻璃瓶里放了些金匠花金龟。十几天过去了，金步甲也没有对它们采取任何行动。后来，我把金匠花金龟的鞘翅和翅膀摘除了，再放回大玻璃瓶里，结果金步甲们即刻便将它们剖腹吞吃了。

难道真的是那坚硬的鞘翅使得金步甲对这类昆虫无从下口吗？我又把完好无损的大黑叶甲虫放入玻璃瓶，金步甲们同样没有任何反应，当我摘掉大黑叶甲虫的鞘翅后，果然不出所料：金步甲们又把大黑叶甲虫剖腹，然后吃了个干干净净。

我们再来看一看金步甲又是如何猎食蜗牛的吧。我把两只蜗牛嵌在大玻璃瓶底的细沙里，并让它们的口朝上。有几只饥饿的金步甲试探着凑了过去，有的还轻轻地去咬那两只蜗牛，可这时蜗牛竟会吐出泡沫来进行自卫，金步甲喝上两口这种怪味的泡沫，便再也没有胃口，只好离开了。

看来这种泡沫真的起了作用，整整一天的时间，金步甲们再也没有去触犯那两只蜗牛。于是，我把蜗牛的外壳剥掉一小块，露出了它的肺部，把它们变成了没有完整甲壳保护的残疾者。当我再把它们重新放回玻璃瓶后，金步甲们立刻对它们发起了进攻。不一会儿工夫，五六只金步甲便把两只蜗牛抢食一空。

我又捉来一只完好的蜗牛，用凉水来刺激它，让它的头从壳里探了出来。奇怪的是金步甲并没有像我想象的那样扑过来猎食，这只蜗牛跟那些金步甲相处了一个下午和一个晚上，竟一点儿危险都没有。从种种实验的结果来看，金步甲并不会攻击完好的蜗牛，只是吃一些螺壳缺损的伤残者。（作者不厌其烦，在进行了多次实验后才得出的结论，令人信服。）

除了以上这些食物，金步甲也吃鲜肉。金步甲每每饱餐之后，还会喝点水，这样吃饱喝足了，它们就会蹲在土窝里休息，准备着下一次的猎食。

名师赏析 Mingshi Shangxi

作者开门见山，直接切入主题，详细描写了金步甲同类相残的习性，并借此引出了多种昆虫自相残杀的现象。这种习性残忍至极，再加上捕食其他猎物时的血腥场面，无不突出了金步甲的残忍，让人触目惊心。文中最大的亮点是对金步甲捕食动作和捕食场面的描写，形象生动，让人如临其境，倒吸一口凉气。

● 好词好句

毫不留情　和睦相处　无怨无悔　硬生生　摩拳擦掌

浩浩荡荡　消灭殆尽　犹豫不决　望尘莫及

不出所料　抢食一空

那只雄虫浑身不停地颤抖着，但雌金步甲没有丝毫的怜悯之情。

还有性情温和的蟋蟀，也会突然变得乖戾起来，把曾向自己献上痴情小夜曲的雄性打翻在地，扯断它的翅膀，叼下对方身上的肉。

● 延伸思考

1.为什么金步甲最喜欢吃鼻涕虫？

2.作者对金步甲是褒是贬？为什么？

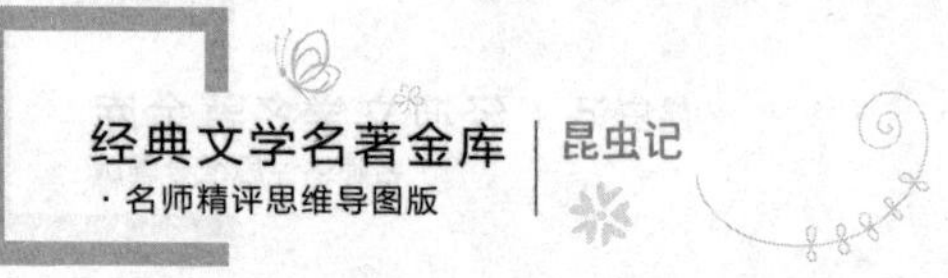

Chapter 12 | 第十二章

天牛

寒冬即将来临之际，我便开始着手准备过冬取暖用的木材了。在伐木区，我选择了那些年龄最大且全身蛀痕累累的树干。伐木工对于我的要求感到极好笑，因为他认为优质的木材更适合当柴火。[不过，我自有我的想法。]❶ 我们来看这些树干。在这些漂亮的树干上，可以看到一条条或深或浅的伤痕，有的地方甚至被咬得四分五裂。到底是谁把这些多汁的树干弄得如此满目疮痍呢？罪魁祸首就是天牛。这些伤痕累累的树干，对我的研究来说都是非常宝贵的财富。

天牛的幼虫喜欢躲在树干里，它们在树干中汲取营养，所以树干就变得伤痕累累了。天牛的身体在树干中慢慢长大，成熟以后便从树干中飞出来。这个过程听起来似乎很简单，天牛的幼虫要完成这一过程却需要三年的时间。[在这孤独而漫长的日子里，天牛就像被囚禁了一般，要在树干里艰苦度日。]❷

天牛的幼虫样子很奇特，就像是一些蠕动的小线条。（比喻的修辞手法，突出其细小的主要特征。）它们在[橡树]❸ 的树干中缓慢地爬行，一边往前爬，一边用那强健的上颚开辟通道。它们的上颚是黑色的，而且很短，像一个半圆形的凿，上面并没有锯齿。

天牛幼虫把开辟通道时挖掘出来的碎木屑当成食物，这些食物经过幼虫的消化，又被排泄出来。幼虫的排泄物就堆积在它们的身后，时间长了，便形成一条痕迹。天牛的幼虫就这样一边挖掘，一边吃，它的食和住就都解决了。

天牛的幼虫在挖掘通道时会把全身的力量都集中在身体的前半部，它的上颚被嘴边的一圈黑色角质盔甲紧紧包裹着，使这个半圆形的凿子被牢牢地加固了，这样，其上颚在工作时就有了稳固的支持和强劲的力量。如果天牛幼虫的前半部分体现出的是结实与力量美的话，那么，它的其余部位则展现出细腻与柔弱。天牛幼虫后半部的皮肤非常细滑，就像绸缎一般，而且光洁如玉。（比喻手法，使得天牛幼虫的皮肤可观可感，直观形象。）正是由于天牛幼虫体内有营养丰富的脂肪层，它的身体才如此光洁。对于食物如此单一的天牛幼虫来说，居然会有如此丰厚的脂肪层，这真是令人匪夷所思。正是因为木屑所含的营养少得可怜，所以天牛幼虫才整天不停地又啃又嚼啊，不断补充着能量。

天牛幼虫的爬行也很有特点，它不像一般的昆虫那样用足来爬行。这并不是因为天牛幼虫没有足，只不过它的足对于爬行并没有什么用处。天牛幼虫的足前面一部分呈圆球状，最

名师导读 Mingshi Daodu

❶ 预设伏笔，开篇先卖个关子，吸引读者的注意，激发读者的好奇心。（设置伏笔）

❷ “孤独”“漫长”“囚禁”“艰苦”，连用一系列形容词，来渲染天牛暗无天日的童年生活。

❸ 大型常绿乔木，最高可达30米，原产于北印度、马来西亚及印度尼西亚一带，如今在世界各地均有种植。其树形优美，树冠呈塔形，开花，果实为坚果，是松鼠等动物的上等食品。

后一部分则呈细针状，足的长度仅有一毫米左右，所以根本无法支撑天牛幼虫那肥胖的身体，也就更不能用来爬行了。天牛幼虫的爬行器官并不长在腹下，而是一反常规地长在背部。天牛幼虫的腹部有七个环节，腹部的上下都长有布满乳突的四边形平面，这些乳突可以随意地膨胀、缩小、突出和下陷。其中上面的四边形平面被背部的血管一分为二，成了两个部分。而腹下的四边形平面则看不出被分成两部分。

这种四边形的平面便是天牛幼虫的爬行器官，这类似于棘皮动物的步带。在爬行时，天牛幼虫会先使后部平面上的乳突鼓起，压缩前部平面上的乳突。这样膨胀的突起使天牛幼虫的后部固定在窄窄通道的上壁上，而它前部身体的直径缩小，则可以尽量地伸长。前部身体伸长以后，它就要使前部平面上的乳突鼓起，紧贴在通道的上壁上，然后使后部的乳突放松，从而使体节能自由收缩。经过这样一个过程，天牛幼虫就走完了一步。（“先”“以后”“然后”——用词严谨，展现了天牛幼虫爬行的原理，富有画面感。）依靠着背部和腹部的支撑，不断地交替收缩和膨胀身体，天牛幼虫便可以在自己挖掘的通道中自由前进或者后退了。

天牛幼虫在自己挖掘的长廊中能行动自如，但把它放在光滑的桌面上，它就寸步难行了。我不由得想，天牛幼虫生长着如此类似于步带的爬行器官，但是它那在爬行中没有起到丝毫作用的已经退化的足却并没有完全消失，而是残留在身体上。那么天牛的身体结构是不是不受环境的影响，而遵循其他的法则呢？于是我做了一系列的实验，来测试天牛幼虫的听觉、嗅觉、味觉以及触觉等。

当天牛幼虫在树干中休息的时候，我在它的旁边制造出各种声音。

我使硬物碰撞发出声音，打击金属使之产生回响，用锉刀锉锯子发出刺耳的声音，还用硬东西来刮它身边的树干，甚至模仿出其他幼虫啃咬树干的声音，（不厌其烦，孜孜求证。）可是天牛幼虫对这些声音竟都没有什么反应。看来，天牛幼虫是没有听觉能力的，人为的声响对于它来说不会产生丝毫影响。另外，天牛幼虫长期在那暗无天日的树干中生活、摸索，视力对它来说也同样是没有什么用处的。

为了测试天牛幼虫的嗅觉，我将它放入一段柏树树干的沟痕中，这沟痕是我亲自挖的，它的直径跟天牛幼虫挖掘的通道直径大小相当。我为什么要选柏树的树干呢？因为柏树有一种很浓的味道，是那种大多数针叶植物都具有的非常强烈的树脂味。（一问一答，使叙述不那么枯燥。）我想对于常年生活在橡树干中的天牛幼虫来说，这种刺激的气味总能使它感觉到不适，从而在行动上会有所反应，要么是抖动或蜷曲身体，要么就是快速逃离。但是，事实并非如此，天牛幼虫一进入沟痕中，便很快爬到了通道的一头，然后便安闲地待在那里不动了。

为了进一步确定我的判断，我又做了两次更有效的实验：（表现了作者严谨的科学态度。）在天牛幼虫长廊里离天牛最近的地方放了一些樟脑，它还是没反应。接着我用萘（一种有机化合物，无色结晶，有特殊气味，可以驱虫，常用于制造卫生球、染料、香料等）做相同的实验，结果依旧。由此，我才最终认定天牛幼虫没有嗅觉。

天牛幼虫有没有味觉呢？这个在橡树里生活了三年的小虫子唯一的食物便是橡树的碎屑，这种食物的滋味也许只有天牛幼虫能够体会得到吧！（言辞间寄予了深深的同情。）天牛幼虫与其他的具有肉体的生命一样具有触觉，但是它的触觉就和它的味觉一样都相当的迟钝。

天牛的幼虫虽然感觉能力极弱，却具有神奇的预测未来的能力。它知道自己将来会变成成虫，所以要为它将来细长的触角、修长的足和无法折叠的甲壳寻找一个更为广阔的空间。为了这个目标，它才不知疲倦地挖掘着通道，并为将来的飞走做好一切准备。

天牛幼虫把通道挖掘到树皮下时，会在出口处留下薄薄的一层，作为天窗。天窗做好后，它要为自己挖掘一间柔软舒适又绝对安全的蛹室。它退回到通道中不太深的地方，在出口一侧凿了它需要的蛹室。这是一个宽敞的略呈扁椭圆形的窝，一般长达八十至一百毫米。天牛幼虫从房间壁上锉下一条条木屑，把整间屋子铺得非常柔软和舒适。

同时，为了防御敌害，天牛幼虫还为这间屋子设置了封顶，封顶有两到三层。外面一层由木屑构成，是天牛幼虫挖掘工作的剩余物；里面一层是一个矿物质的白色封盖，呈凹进去的半月形。这层堵住入口的矿物质封盖，是天牛布置得最为奇特的部分，它是坚硬的含钙物质，内部光滑，外部有颗粒状突起，顶部既坚硬又易碎，所以既可以起到抵御外界敌害的作用，又方便天牛成为成虫后顺利飞离。（天牛心思缜密，每一个细节都做到极致。）

通道修好，房间布置完毕，封顶也完成了，灵巧的天牛幼虫便完成了它的使命。于是，它放弃了挖掘工作，安心地躺在舒适的蛹室里，头朝着门的方向，进入了蛹期。它躺在柔软的睡垫上，头始终朝着门的方向。（从细节不难看出，幼虫对未来充满了憧憬。）为了将来自己那穿着坚硬的角质盔甲的身子能够从自己建造的窝里飞出去，它必须把头朝向出口。否则的话，天牛成虫无法转身，那它的窝就会变成牢笼。

但是，我们无须为这聪明的小虫子担心，它总会头朝着出口的。到了变成成虫之时，它会准确无误地沿着通道爬到出口处。如果窗户事先没有打开，那它用坚硬的前额撞开房间的封顶就可以了，这是非常容易的。到此刻，天牛终于顶着长长的触须，激动地从树干里飞出来了。

天牛幼虫经过了这样一个过程终于变成了成虫。天牛幼虫比它的成虫给人的启发要多。它知道自己有一天要变成成虫飞走，所以不畏艰辛地挖掘着通道。它知道自己有一天会破蛹而出，所以建造了舒适的房间，并把头朝向门口的方向度过蛹期。它能够准确地预知未来，并始终按照自己对未来的预见而工作着。（说明天牛正因为满怀希望，才能坚守三年，一直都在做准备，默默耕耘，只为将来能展翅高飞。）

名师赏析 Mingshi Shangxi

天牛因其力大如牛，善于在天空中飞翔，因而得天牛之名；又因它发出"咔嚓、咔嚓"之声，很像是锯树之声，故又被称作"锯树郎"。此外，我国南方有些地区称之为"水牯牛"，北方有些地区称之为"春牛儿"。在本篇中，作者重点描写了天牛幼虫的发育过程。天牛幼虫自始至终都在为将来能挣脱"牢笼"、展翅高飞积极准备着，辛勤劳作着，无怨无悔，对未来充满了无限憧憬。在这种小生灵的身上，我们看到了顽强的生命力和乐观积极的正能量，让人感动的同时，也能振奋人心。

● 好词好句

蛀痕累累　四分五裂　满目疮痍　罪魁祸首　匪夷所思
不畏艰辛

天牛幼虫后半部的皮肤非常细滑，就像绸缎一般，而且光洁如玉。

天牛终于顶着长长的触须，激动地从树干里飞出来了。

● 延伸思考

1.你知道天牛成虫以什么为食吗？

2.天牛的发育要经过卵、幼虫、蛹、成虫四个时期，你知道这样的发育过程叫什么吗？还有哪些昆虫和天牛一样？

Chapter 13 | 第十三章

红蚂蚁

很多动物都能在很远的地方返回自己的家，信鸽就是杰出的代表。人们通过研究证明：这些动物的身上应该有一根“磁针”，可以感应地电、地磁。所以，有了这根磁针的指引，这些小动物们就会回到自己的家。

这种未知的感官官能是否存在于［膜翅目昆虫］❶ 身上呢？是不是靠它们的触角呢？在我的荒石园里，有许多的实验品，首推红蚂蚁。

［红蚂蚁打架非常厉害，但是它们不愿意哺育儿女，也不愿去寻找食物——它们的衣食住行都是靠别人来替它们完成的。它们经常会对其他种类的蚂蚁实施抢劫，把人家的蛹运到自己的窝里来。等那些蛹蜕了皮，就沦为红蚂蚁的奴婢了，为它们养儿育女、寻找食物。］❷

六七月份的时候，天气非常炎热，红蚂蚁们便在下午时分从自家的巢穴出发，雄赳赳、气昂昂地列队前行，开始远征。红蚂蚁的队伍有五六米长，它们一路前行，一路寻找着目标。穿过园子里的小径，又钻进一大堆枯树叶中，经过了长途跋涉，它们终于发现了黑蚂蚁的巢穴，于是一哄而上，钻进去，接着就是一场厮杀，那场面真是惊心动魄。（红蚂蚁目标明确，迅速出击，出其不意。）

最后，由于敌我力量悬殊，红蚂蚁大获全胜，它们用大颚咬住黑蚂蚁的蛹，开始急匆匆地往回赶了。［红蚂蚁们出征的道路并不平坦，有时是坑坑洼洼的麦田，有时是荒芜的不毛之地，有时是绿草茵茵的草坪，有时是枯叶堆，还有乱石堆和杂草丛，总之是弯弯曲曲、极为坎坷艰险的。］❸ 但是当红蚂蚁们回巢的时候，它们仍然会按原路返回，根本不在乎原路多么高低不平、坎坷难行。

有一天，我发现一群红蚂蚁出去抢劫了，它们排着队走在池塘边。呼呼的北风向着它们猛刮，有一些红蚂蚁被吹进了水里，不幸成为池塘里金鱼的美食。道路如此危险，它们还没有到达目的地就已经损兵折将了。我想，等它们回来时就不会再从此路过了吧。（担心红蚂蚁的命运，希望它们能逃过一劫。）可是，过了一会儿，我发现那些抢劫成功的红蚂蚁们口里衔着蚁蛹，仍然义无反顾地走上这条危险的路。同样的场景出现了，又有许多红蚂蚁被北风吹入池塘。这群不可理喻的红蚂蚁大军竟然如此顽固！我想，有可能是它们担心不按原路返回就回不了家吧。

是什么指引红蚂蚁找到回巢的路呢？有人认为它们是靠嗅觉来指引的，而它们的嗅觉就在那始终动个不停的触角上。对此，我持怀疑态度，所以想做几次实验，来验证一下。我花了几个下午的时间来等候红蚂蚁回窝，却无功

名师导读 Mingshi Daodu

❶ 昆虫纲中第三大目昆虫，它的名字来自于其膜一般的、透明的翅膀。全世界有11万多种，广泛分布于世界各地，以热带及亚热带地区种类最多。主要包括蚁类、蜜蜂、叶蜂、姬蜂、黄蜂、小蜂以及角尾蜂等。

❷ 看似平静的语气中，暗含着作者对红蚂蚁不劳而获、压榨其他昆虫的愤怒与指责。

❸ 用排比句式列举红蚂蚁的执着和勇敢无畏，同时也从侧面说明了它们具有极强的适应能力。
（排比句式 列举说明）

而返，这太浪费时间了。于是，我找我的小孙女露丝来帮忙。露丝是个小调皮鬼，对我讲过的有关红蚂蚁的故事很感兴趣。

她曾目睹过红蚂蚁和黑蚂蚁的大战，对于红蚂蚁抢夺别人的孩子的事情一直若有所思。她脑子里充满崇高的责任感，对我交给她的任务非常有兴致。天气好的时候，露丝便满花园跑，监视红蚂蚁的行踪，仔细辨认它们所走的路线，一直跟踪到被它们洗劫的蚁窝。

那天，我正在书房写笔记，露丝在外面嘭嘭地敲门："快来！红蚂蚁进黑蚂蚁的窝了，快来！"我赶紧跑出去，看到小露丝在红蚂蚁经过的路上都撒了白色的小石子。她事先准备了这些石子，一看到红蚂蚁出征，就一直跟在后面，每隔一段距离便撒下几颗石子。现在，红蚂蚁已经抢劫完毕，开始沿着原路回家了。这段距离大概有一百米，我用一把大扫帚把红蚂蚁经过的路扫出一米左右的宽度，把路面上那些粉末物质全部扫掉，再撒些其他的东西。就这样，我用扫帚扫过这条路的四个不同的地方，每两个相邻地方之间隔着几步远的距离。

很快，红蚂蚁队伍来到了第一个分割处。它们看上去很犹豫，都聚在一起不敢前行。（揣测蚂蚁的心理，细致入微。）经过一阵喧闹，有几只红蚂蚁壮着胆子越过分割处，走上了我扫过的那条路，其他的也紧随其后。还有一些红蚂蚁绕了个弯，也走上了那条路。在接下来的几个分割处，红蚂蚁们的反应也是相同的。这个实验似乎可以说明嗅觉起到了作用。蚂蚁们仍从原路返回，是不是我扫得不彻底，那路面上仍保留着粉末的余味？

几天后，我又想办法来破坏红蚂蚁回家的路。我用大量的水冲刷它们走过的路面，冲得很彻底，冲掉了所有可能留下的气味。等红蚂蚁抢劫回来时，我就把水流放小，以免这些小东西被一下子冲跑了。红蚂蚁们在我制造的障碍面前犹豫了很长时间，它们又凑到一起，好像议论了一阵子，然后有几个勇士走进了水流，想利用露出水面的小卵石渡过急流。（拟人手法，把蚂蚁的犹豫写得形象生动。）

最后，它们利用几根麦秸还有一些枯叶，摇摇晃晃地渡过了“小河”。我看到有一些蚂蚁被水冲到了离岸两三步远的地方，它们看上去非常着急，不知如何是好。但不管这溃散的队伍多么混乱，即使遭受了灭顶的水灾，它们也没有谁丢掉自己的战利品。（真是“人为财死，鸟为食亡”啊，红蚂蚁在自身难保的情况下也不舍弃抢劫来的财产。）总之，尽管经过多次波折，红蚂蚁们还是勉强渡过了水流，并且是沿着既定路线渡过去的。经过急流冲刷的道路应该没有什么气味，况且水流在不断更新，所以，气味似乎并不会给它们什么帮助。

在红蚂蚁第三次出征的时候，我把它们经过的路面用薄荷叶擦了一遍，然后将薄荷叶盖在距擦过的路面稍远一点儿的路上。归来的蚂蚁们经过被擦过的区域时，一点儿都没犹豫。而在盖着薄荷叶的地方，它们只稍微犹豫了一下，便直接走了过去。经过上面这两个实验，我认为，绝不是嗅觉指引红蚂蚁回家的。（呼应上文，通过严谨的实验驳斥人们的猜测。）

在接下来的实验中，我把一些报纸横铺在路中间，并用几块小石头压住。这条道路应该是被装修一新了。当红蚂蚁们来到我为它们铺设的新道路面前时，似乎比前几次实验时显得更加犹豫了。它们从各个方向来打探地形，最终还是尝试着走上了这条新路，有秩序地行进着。我又用一层黄沙把那条路切断，原来那浅灰色地面已经被埋在下面了，红蚂蚁们在此犹豫了很长一段时间，最后才越过了障碍，找到了原来的路。铺上报纸和沙子的道路并没有改变原来的气味，那红蚂蚁们为何也会有所犹豫呢？这也可以说明：并不是嗅觉使它们找到回家的路的。

通过多次实验可以证明，红蚂蚁是靠视觉指引着它们回到家的。每一次实验都改变了它们原来路线上的景色，它们也总是会犹豫不决。但是，它们经过反复地察看，其中总有几只眼力好的会认出前面有些地方是它们所熟悉的，于是毅然前行，而后面的一大群便跟随着走上了真正的归途。不过，红蚂蚁的视力范围非常狭隘，所以仅靠视力指引，是远远不够的。它们还要靠着非常好的记忆力。（起承转合，过渡自然。）

有时候，遭红蚂蚁抢劫的蚁窝战利品特别多，红蚂蚁们不能一次抢劫完毕。于是，它们就会在第二天或两三天后再次出征。这次，它们不用沿途搜索，而是直奔原来的抢劫地点，而且走的是同第一次一样的路线。所以，为红蚂蚁指路的除了视觉，还有对地点超强的记忆力。这种记忆力可以指引红蚂蚁队伍穿越各式各样的地面，一丝不差地走过原来走的路线。但是，如果在一个它们没有事先勘探过的完全陌生的地方，红蚂蚁的记忆力就于事无补了。

有一次，我守在红蚂蚁窝边。当看到红蚂蚁部队猎捕蚁蛹回来时，我把一片树叶放在一只蚂蚁的面前，让它爬到上面去。我没有碰它，只是连同叶子把那只红蚂蚁一起运到离它们的部队有两三步远的地方。这个地方是红蚂蚁们不曾探寻过的，所以对它来说应该是很陌生了。再看这只红蚂蚁，像无头苍蝇一样在地上东走几步，西走几步，朝着各个方向摸索，却始终无法找对方向。它的嘴里叼着猎物，无助地在一个很小的范围内打着圈，看来它是迷路了。（巧用比喻，写出了落单的红蚂蚁的彷徨与无助。）还有几个同它一样的迷路者，找了半个小时也没能回到原来的路。

结果怎么样了？我没耐心再跟踪到底。作为膜翅目昆虫，红蚂蚁并没有像石蜂那样的辨别方向的能力。它只能记住到过的地方，如此而已。如果让它们偏离原来的路线，哪怕只是两三步的偏离，就足以使它们迷路，无法与同伴相聚了。而石蜂则不然，它能穿越几千米的陌生地区，而同样能找到回家的路。为什么同为膜翅目昆虫，一个具有辨别方向的官能，一个却没有呢？（给读者抛出了新的问题，启发思维。）这只能期待着进化论者给一个合理的解释了。

名师赏析 Mingshi Shangxi

说起红蚂蚁，你可能不太熟悉，因为它在我们的身边不太常见。作者先从红蚂蚁懒惰的一面写起，引起读者兴趣，略过与中心思想无关的内容，着墨于探索红蚂蚁是靠什么经过长途跋涉顺利回家的，因而详略得当。最终，作者通过自己的反复实验得出了结论：它们并非靠气味，而是依靠自己的视力和强大的记忆力。作者勇于怀疑，不懈探索，这种严谨而细致的精神令人敬佩。

● 好词好句

雄赳赳　气昂昂　长途跋涉　一哄而上　大获全胜

坎坷艰险　义无反顾　若有所思　一丝不差

它的嘴里叼着猎物，无助地在一个很小的范围内打着圈，看来它是迷路了。

● 延伸思考

1.查阅一下相关资料，来描述一下红蚂蚁的其他习性吧。

2.你知道信鸽是靠什么来寻找方向的吗？

Chapter 14 | 第十四章

舍腰蜂

许多昆虫都非常喜欢在我的屋子旁边建筑巢穴，在这些昆虫中最令我感兴趣的莫过于一种叫舍腰蜂的动物了。为什么呢？（开篇即设置悬念，让读者饶有兴趣地读下去。）

舍腰蜂有着美丽动人的身材和非常聪明的头脑，还有一点应该注意的是它那非常奇怪的窠巢。但是，知道这种小昆虫的人却很少。甚至有时候它就住在人类居所的火炉旁，而主人却对这个小邻居毫无察觉。这是为什么呢？

经过观察，我发现这主要是由这个小邻居天生安静、平和、不爱捣乱（指出了舍腰蜂温和的性格，让人对它顿生好感）的本性决定的。的确，这种小东西居住得十分隐蔽，很难引起人们的注意。因此，就连这家的主人都不知道有这么一位不请自来的客人。

舍腰蜂是一种非常怕冷的动物，所以它们常常在太阳光下搭建自己的安乐居所。甚至有时候，它们出于整个家族的需要，会不请自来，找上我们人类的门来，跟我们做伴。

舍腰蜂在选择住所的时候，主要会选一个能够被夏日的阳光晒到的地点。而且，如果有可能的话，居所旁边最好有一个大一点儿的火炉，还要有一些供燃烧使用的柴火。这些条件对于这个小家伙来说都是不可缺少的。到了寒冷的冬天的夜晚，火炉中喷射出来的温暖无比的火焰，对于舍腰蜂的选择起着重要作用。所以，每当看到从烟囱里冒出来的黑烟，舍腰蜂都会欣喜若狂，因为它知道那里能给它提供一个温暖舒适的家。（拟人手法，生动形象，风趣幽默。）

在七八月的大暑天，舍腰蜂会忽然出现，这个家伙开始寻找适合它做巢的地点。它一点也不在意这间屋子里的吵闹和喧嚣，只是一心一意地视察着屋里的天花板、木缝和烟囱等。不过，它最中意的地点往往是火炉旁边，甚至要把烟囱内部都仔仔细细地视察一遍。不得不说，舍腰蜂是一种细致入微的小动物。

一旦选定了筑巢地点，它们便立即飞走了，不久又会带着少量的泥土飞回来，开始建造房子的底层。这样，筑造家园的工作便正式破土动工了。（拟人化，写出了舍腰蜂建造房舍之郑重其事。）

我发现，舍腰蜂最中意的地点，就是烟囱内部的两侧，大约二十寸高的地方。尽管烟囱是一个非常舒服的藏身之处，但由于巢建在烟囱的内部，自然就会有好多烟在里面。如果烟雾太多的话，蜂巢就会被“污染”，弄成黑色的或者棕色的。最可怕的是，里面的幼虫就有可能被闷死。不过，你不用替它们担心，因为它们的母亲早就想到这个问题了。（和读者互动，善意地安慰读者，使文章读起来更有亲切感。）舍腰蜂选定的筑巢位置总是十分适当，那儿足够宽敞，除了一些烟灰，其他脏东西很难到达。

虽然舍腰蜂样样都很当心，时刻保持仔细谨慎，但终究还是会有一件很危险的事情在等待着它们。（用转折句承上启下，过渡自然。）那就是当舍腰蜂正在建造它的房屋的时候，如果在这个关键时刻，有一阵蒸汽或者是烟幕的侵扰，那么，它刚刚建造了一半的房子，便不得不半途而废。

接下来，它们要么暂时停工，要么就全日停工不干。特别是在这家的主人煮饭、洗衣服的日子里，这种事情发生的可能性最大，危险性也最大。一天从早到晚，大盆子里的水不停地滚沸着，炉灶里的烟灰、盆里大量的蒸汽，一起混合成为浓厚的云雾。这云雾会给蜂巢带来严重的威胁，也许舍腰蜂会面临家毁人亡的危险。（通过细节描写，突出舍腰蜂的居住环境之险恶。）所以，它选择在烟囱内部建造蜂巢，必须要有足够的勇气。

舍腰蜂回巢的时候，牙齿间总要含着一块建造巢穴所用的泥土，要想到达施工现场，它就得穿过浓厚的烟灰。烟雾那么浓，以至于它冲进去之后，它那小小的身躯就完全看不见了。不过，这时你常常能听到它发出的轻快的嗡嗡声。

我很庆幸它能在浓烟之中安然无恙，从容不迫地工作着。不一会儿，它平安地飞出来了，再飞去衔泥。它每天要这样来回往返很多次，直到把巢造好为止，真是不辞辛苦呀！

你可不要以为，舍腰蜂选择住在烟囱里，是为了自己的安逸，那可就大大冤枉它了！它之所以这样做，是因为它是一种比较热爱家庭的小动物，它的责任感很强。而它的家庭成员们对温度的要求又比较高，所以它才要冒着危险这么做的。（夹叙夹议，表达了对舍腰蜂富有家庭责任感的赞赏。）

有一次，我去一家丝厂参观，看到一个舍腰蜂的巢。它竟然把巢建在机房里那个大锅炉上方的天花板上，可真会为自己挑地方！（既感到惊讶，又表示赞叹。）住在这儿，一年四季都暖烘烘的，而且温度比较恒定。

还有好几次，我在乡下那种蒸酒的屋子里也看到了舍腰蜂的巢穴。这儿的温度，和之前提到的丝厂里的温度差不多高。

当然，除了烟囱、锅炉房等地点，舍腰蜂也会把巢建在任何让它们感到舒适、安逸的角落里，比如厨房的天花板上、养花房里、窗户旁边凹进去的地方等等。

值得一提的是，舍腰蜂似乎不大关心房子的地基，因为我曾经亲眼看到过，（现身说法，显得真实可信。）它把巢穴建在葫芦里，砖缝里，装麦子用的空袋子里，甚至一个暖和的草帽里！

舍腰蜂的巢穴主要是利用潮湿的泥土制作而成的，因此人们又把舍腰蜂叫作泥水匠蜂。不过，它认真工作的样子，倒真像一个勤劳的泥水匠。舍腰蜂的身影经常出没在我的小菜园里，因为我为了浇菜挖了一些小沟渠，那里有它需要的潮湿的泥土。

它在掘取泥土的时候，常常先将足直立起来，双翼振动着，把黑色的身体抬得高高的——这样就能使它们全身上下一点儿泥污也沾不上。（以小见大，通过详细描写舍腰蜂的动作，表现其智慧。）然后，它一边用下颚刮取表面的泥土，一边将泥土揉成一个豌豆大小的泥球。最后，它再用牙齿把泥球衔住，飞回去，添加到它的建筑物上。这项工作完成以后，它歇也不歇一下，又接着飞回来，再做第二个泥球。在一天中，即使是天气最为炎热的时候，只要那片泥土未干，仍然是潮湿的，那么舍腰蜂的工作就会不停地进行下去。

我对常来家里做客的舍腰蜂一直有着非常浓厚的兴趣。我希望能和它们做一些交流，所以我和家人都不会去主动打扰它们的生活，让它们安心地筑巢建窝。（表现了作者对小昆虫的热爱和关心之情。）那些舍腰蜂总是努力地进行着自己的工作，为家而辛苦忙碌着。

我很想观察一下舍腰蜂的建筑以及它的建筑才能，还有它对食物的偏好，以及那些幼小的舍腰蜂的生长过程等，所以，我故意把炉灶里的火给弄灭了，这样就可以减少烟灰的量，以便清楚地看到舍腰蜂的巢。将近两个小时，我一直非常仔细地观察着那个巢。

［舍腰蜂的巢穴就像是一个圆筒，大约有一寸长，半寸宽。巢的口朝上，稍微有点儿大，巢的底部稍微小一些。蜂巢表面被舍腰蜂仔细粉饰过，看上去很别致。蜂巢表面还有一些线状的凸起环绕在四周，每一条线，就是建筑物上的一层，整个蜂巢在十五层到二十层之间。］❶这个泥罐子似的蜂巢里面贮藏着舍腰蜂的食物。

舍腰蜂们把巢穴建好以后，便在里面塞满了小蜘蛛，这些小蜘蛛就是舍腰蜂为自己的孩子准备的美食。舍腰蜂准备好了食物后，便把卵产在巢穴里面，然后将巢的口封起来。

舍腰蜂的幼虫会吃各种各样的蜘蛛。其中有一种后背上有三个交叉白点的十字蜘蛛，是舍腰蜂幼虫吃得最多的食物。因为这种蜘蛛多生活在舍腰蜂经常活动的地区，所以舍腰蜂不用到很远的地方，就可以很容易地捕猎很多这种小蜘蛛。

此外，舍腰蜂幼虫的食物里面还有一种危险的野味，那就是长着毒爪的毒蜘蛛。舍腰蜂在选蜘蛛的时候，会挑一些个头儿不是很大的，一方面是为了能够很容易地塞进巢穴里，另一方面是因为食物的个头儿太大的话，如果一顿吃不完，剩下的那部分就会腐烂，这样对巢里的幼虫也会产生不利的影响。（可见舍腰蜂考虑周到，步步用心。）

舍腰蜂的卵并不是放在蜂巢上面的。我通过观察发现，它们的卵其实是产在蜂巢里储藏的第一只蜘蛛身上。几乎所有的舍腰蜂都是这样，无一例外。［舍腰蜂会把捉来的第一只蜘蛛放在最下层，然后把自己的

卵放在这只蜘蛛的身上。接着，又会把以后陆续捉来的蜘蛛一只一只地往上摞。］❷

舍腰蜂这样做是有它的道理的，因为这样的话，舍腰蜂幼虫就可以先吃掉下面那些死得较早的蜘蛛，然后再吃那些比较新鲜一些的蜘蛛。这样就不至于让死蜘蛛因为时间太长而腐烂变质了。看来舍腰蜂还是一种很有头脑的动物，不浪费一口食物。

并且，舍腰蜂总会把蜂卵包含头的那端放在蜘蛛身体最肥的地方，这样等蜂宝宝一孵化出来就会吃到最柔软、最富营养的食物了。舍腰蜂的幼虫饱餐一顿之后，就开始作它的茧了。那个茧就像是一个纯洁的白丝袋。（比喻的修辞手法，形象直观。）这时舍腰蜂幼虫的身体里会流出一种像漆一样的东西，这种流动的液体会慢慢侵入白丝袋的网眼里，然后就会渐渐地变硬。这样白丝袋就有了一层光亮的保护漆。最后，幼虫又在茧的底端填一个硬硬的东西，作茧的工作便结束了。

此时再来看这个茧，它已经呈现出［琥珀］❸一样的黄颜色了。要是用手指去触摸这个丝袋的外皮，就会发出沙沙的声音，就像是剥掉洋葱头干松的外皮一样，（用常见的物品进行类比，便于读者理解。）幼虫就是从这个

名师导读

❶通过详细描写舍腰蜂的蜂巢，可见其建造之用心，从侧面反映了舍腰蜂的勤劳和智慧。（细节描写）

❷动作描写生动具体，活灵活现地再现了舍腰蜂产卵和为幼虫放置食物的过程，充分说明了舍腰蜂之用心和有条理。

❸一种有机的似矿物，是数千万年前的树脂被埋藏于地下后经过一定的化学变化形成的树脂化石。琥珀的形状多种多样，表面常保留着当初树脂流动时产生的纹路，内部经常可见气泡或古老昆虫及植物的碎屑等。

黄茧里孵化出来的。随着天气的变化，成虫孵化出来的时间也会不同，有时早一点，有时会晚一些。

其实舍腰蜂的工作是很机械的，它的聪明似乎并不能处处体现。（先说结论，再举例说明，做到有理有据。）有一次，我跟舍腰蜂开了个玩笑。舍腰蜂费了很大的力气把巢穴做好以后，便急忙去外面捉了一只蜘蛛回来。舍腰蜂把那只蜘蛛放进巢里，然后把自己的卵产在蜘蛛最肥大的部位。这项工作完成之后，舍腰蜂便又飞走，继续猎食去了。

趁这个时候，我把舍腰蜂巢穴里的卵连同那只死掉的蜘蛛一起取了出来，想看一看，舍腰蜂回来后见到自己的孩子以及猎物丢失了会有何反应。我想它应该会发现自己的巢已经空了，然后会重复第一次的工作，再产下一个卵。

但是，当舍腰蜂带回第二只蜘蛛的时候，它好像没有发现什么。它把刚刚猎获的蜘蛛放进了巢里，然后竟非常坦荡地继续去捕捉蜘蛛了。它把捕捉来的第三只蜘蛛放入巢内，然后又接着飞走了。每次等舍腰蜂飞出去之后，我都会把它刚刚放进巢里的蜘蛛取出来，所以那个巢其实一直都是空空的。

可是，舍腰蜂并不理会，它仍然不断地去捕捉蜘蛛，然后放入这个巢，它似乎是下定决心要把巢里填满食物。经过两天盲目的奋斗，舍腰蜂捉回了二十只蜘蛛，只是这些蜘蛛并没有在它的巢里，而是被我一只一只地取走了。但舍腰蜂似乎并没有再去猎食的打算了，它开始小心翼翼地把巢穴封了起来，不知道它是已经感觉到疲倦了呢，还是固执地以为自己的巢穴已经满了。因为按常规，只有在蜂巢里装满了食物的时候，舍腰蜂才会封上巢穴的口。可现在它的巢空空如也，为何也按部就班地做完最后一道工序呢？这个小玩笑只能说明昆虫的智慧还是很有限的。（用人的正常思维逻辑去分析舍腰蜂的行为，便觉其可笑，看来昆虫的智慧真的是有限的。）虽然舍腰蜂的大脑很发达，但是不管在任何情形下，都证明它的智力还不足以对抗遇到的哪怕很小的困难。它是一种没有理解力的动物，也是毫无意识的动物。它那种看似智慧的行动大概只是一种本能而已，而且一出生就会。

关于舍腰蜂，我们还有一个疑问，那就是它来源于哪里。（用新的疑问引出作者想要论证的问题，过渡自然。）舍腰蜂喜欢把巢建在有火炉的地方，烟囱里的热气可以使它的潮湿的泥巢很快变干。但是，令人疑惑的是舍腰蜂在人类出现之前就已经存在了，在没有人类之前，它们又生活在什么地方呢？ 我企图在旷野里寻找到它们的巢穴，经过一番努力，我终于在一些乱石堆里找到了几个十分陈旧的舍腰蜂的巢。原来它们也曾经把巢建在平滑的石头下面。所以我敢肯定，在没有人类的烟囱之前，它们是在野外建巢的。

我认为舍腰蜂有可能是一个侨民，它来自干旱炎热而且缺水的沙漠。那种地方雨水是很稀少的，雪更是少见了。舍腰蜂可能是被海风卷到这个地方来的，因为觉得这个地方的太阳不够暖和，所以要寻找人们居住的地方，在温暖的火炉附近安家。这样，大概就能解释舍腰蜂的习性了。

舍腰蜂的故乡一定是在非洲，因为据说在那里的石头下面，经常会发现舍腰蜂同类的巢穴。我们可以设想，在很久以前，舍腰蜂们经过了西班牙，又越过意大利，不远万里，历尽千辛万苦，长途跋涉来到我们这里。

从世界的南边来到世界的北边，从遥远的非洲，来到了欧洲，最后又到了马来群岛。（通过强调地理距离再次说明了舍腰蜂跋涉旅程之长。）而无论走到哪里，它们都始终保留一样的嗜好，那就是：建造精致的泥巢，捕捉美味的蜘蛛，寻找人类的屋顶。

名师赏析 Mingshi Shangxi

本章的主角是舍腰蜂，它们头部有两只触角，胸部圆柱状，尾部细长，末端有膨胀，后四脚偏长，睡觉时会咬住树干。作者从选择造巢地点、建筑才能、食性、来源四个方面向我们介绍了舍腰蜂的特点和生活习性，通过深入浅出的分析和不断的实验、考证，读者对舍腰蜂有了较为全面的认识，字里行间感情真挚，对舍腰蜂的勤劳和智慧深表赞赏。

写作借鉴

1.设问修辞：作者多次运用设问句来引出自己想要论述的问题，同时吸引读者的注意力，并启发读者思考，增强了叙事的节奏感。

2.夹叙夹议：作者在叙述舍腰蜂选择建巢地址和其建筑才能时，联想到它独特的建筑智慧和着眼大局的责任感，并由此展开议论，融入了作者自己的感情，让人产生共鸣，为之感动。

延伸思考

1.为什么舍腰蜂喜欢居住在温暖的地方？

2.根据作者的描述，从网上找一些舍腰蜂的照片，选择几个情节，为本章配上相应的插图吧。

Chapter 15 | 第十五章

斑纹蜂

矿蜂是细长形的蜜蜂，它们的身材大小不等，但都有一个共同的特征，那就是腹部的底端有一条明显的沟，里面藏着一根刺，遇到危险时，便会挥舞这根刺保护自己。

在矿蜂家族中有一种斑纹蜂，这种蜂的身材和黄蜂差不多。斑纹蜂的身上有红色的斑纹，雌蜂的斑纹尤为鲜艳美丽，黑色和褐色的条纹环绕着它们细长的腹部。（抓住了斑纹蜂的主要特征，通过外貌描写说明其得名的原因。）

斑纹蜂常常把巢建在比较结实的泥土里。比如，园子里平坦的小路就是它们最为理想的地基。每到春天，它们就会成群结队地飞来安营扎寨，（连用四字成语，表现了其数量之多、规模之大。）简直把这儿当成了大本营。而且，每只斑纹蜂都有自己单独的房间，这个房间是不允许其他蜂进入的。如果谁想闯进它们的房间看看，那可就别怪主人不客气了，它会让那个外来者尝尝自己“剑”的厉害。所以，大家都和平共处，相安无事。

斑纹蜂非常勤劳，每到三四月，它们便开始筑巢了。地面上那一堆堆新鲜的小土山便是它们劳动的见证。如果仔细观察，我们会发现土堆顶部的开口处不断有新的土被扔出来，可见斑纹蜂正在坑的下面辛勤忙碌着。

它们在地底下，用自己的舌头建筑着自己的巢穴。每只斑纹蜂的巢大概有四分之三寸长，呈椭圆形，内壁非常光滑。斑纹蜂还在自己的巢内壁涂了一层唾液，这层唾液就像油纸一样保护着巢，（把唾液涂层比喻成生活中常见的物品，直观形象。）可以防止雨水渗进巢里。

坑里许多小巢整齐地排列着，这些小巢与地面之间还有一个公共通道连接着。这个通道其实是一根几乎垂直的轴，大概有铅笔那么粗，有六寸到十二寸深。

[五月时鲜花盛开，到处洒满了灿烂的阳光。这些在矿下忙碌的矿工也该出来采蜜了。田野里的蒲公英、野蔷薇、雏菊等向这些小蜜蜂们招着手，它们很欢迎这些勤劳的小伙伴。斑纹蜂们兴高采烈地在花丛中采集着花蜜和花粉，不一会儿，它们便满载而归了。] ❶

它们先是在低空盘旋一会儿，找准自己的家，等认清记号后，再迅速钻进去。那些土堆就像一个个倒扣着的碗，碗底上的洞口就是它们的入口。

回到地下王国后，斑纹蜂会先把尾部塞进自己的小巢，刷下花粉后再转过身，然后把头钻进小巢，把花蜜洒在花粉上。（动作描写，表现其工作有条不紊，井然有序。）虽然斑纹蜂每次采回的花蜜和花粉都少得可怜，但是积少成多，经过一次次的采运，小巢里总会被这些食物填满的。

等食物储备得差不多了，斑纹蜂就会把它们搓成一粒粒豌豆大小的“小面包”，这些“小面包”外面是甜甜的花蜜，里面是没有什么味道的干花粉。这是斑纹蜂为它的后代准备的，“小面包”外层的蜂蜜是小蜜蜂早期的食物，里面的花粉则是小蜜蜂后期的食物。

食物加工完了，斑纹蜂就开始产卵了。产完卵后，斑纹蜂并不像其他蜜蜂那样立即把小巢封起来。它还要继续去采蜜，并看护着自己的卵。当卵要作茧化蛹时，斑纹蜂才把所有的小巢用泥封好。这时，它们总算可以休息了。

如果不出意外，大约两个月过后，小斑纹蜂们就会破蛹而出，飞到花丛里玩耍了。

不过，意外还是有可能发生的。（运用转折句式，使气氛陡然变得紧张起来。）在斑纹蜂的巢周围，经常会埋伏着一些强盗。甚至连一些小得微不足道的蚊子，都会觊觎斑纹蜂的巢。这些蚊子看上去既凶恶又奸诈，它们整个身子还不到五分之一寸长，小小的脸上长着红黑色的眼睛，还长着许多［刚毛］❷，腹部是灰色的，长长的腿看起来非常纤细。（生动刻画了蚊子的体貌特征，细腻传神。）这些狡猾的蚊子通常先在斑纹蜂的巢穴附近找一个比较隐蔽的地方，潜伏起来，密切地观察着斑纹蜂的动静。

［等看到斑纹蜂采了花蜜和花粉回来时，蚊子便会偷偷地紧跟在斑纹蜂的后面。到了家门口，斑纹蜂会一个俯冲，钻进巢穴。（说明其行动迅速而果断。）蚊子便会在巢穴的入口处停下来，纹丝不动地盯着里面。此时，斑纹蜂也发现了这个不怀好意的家伙，于是和它对视着。它们似乎都很镇定，丝毫没有开战的预兆。］❸

名师导读 Mingshi Daodu

❶用拟人化手法和四字成语，渲染了一种充满生机、欣欣向荣的气氛，洋溢着欢快和幸福感。

❷哺乳类动物身上的硬毛，以及其他动物体上所生的硬的毛状物。前者如猪身上的毛，后者如昆虫类腹部的毛等。

❸场面描写极其逼真，渲染了紧张的气氛，写出了斑纹蜂的警惕和蚊子的狡诈，让人如临其境。
（场面描写）

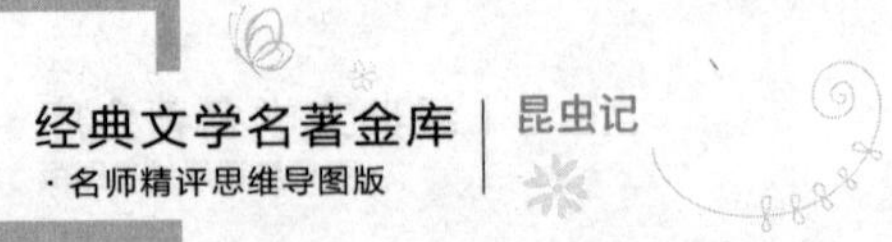

其实，斑纹蜂在体形上占优势，只要稍微动用一下武力，就会很容易地把这个企图破坏它巢穴的蚊子打败，无论是用嘴咬，还是用刺扎，它都可以使这个入侵者遍体鳞伤。但是，敦厚的斑纹蜂并没有那么做，它似乎默许了蚊子埋伏在自家门口。这个可恶的小蚊子当然也知道斑纹蜂的厉害，但是它却没有表现出丝毫的恐惧，也没有半点儿想要离开的意思。

最后，斑纹蜂无暇顾及这个入侵者，把食物放好后就又飞走了。蚊子见斑纹蜂已飞远，就会马上闯入巢穴。因为这些小巢都还没有封好，所以蚊子可以在里面任意妄为，简直跟回到自己家那样毫不客气。它偷吃了一些花蜜和花粉后，便会从容地选择一个巢，在里面产下自己的卵。不等主人回来，蚊子便已经大功告成，心满意足地逃走了。不过，它不会走远，而是仍然藏匿在附近，以便寻找再次盗窃的机会。（详细描写了入侵者之卑劣行径，刻画了蚊子的无耻嘴脸。）

几个星期过后，斑纹蜂的巢里已经是另一番景象了。花粉团被吃得狼藉一片，小巢里面蠕动着几条尖嘴的小虫，那并不是斑纹蜂的幼虫，而是那个盗贼蚊子的后代。

在这些尖嘴小虫中间，有时也会有几条斑纹蜂的幼虫，但是这些可怜的小虫已经消瘦得几乎干瘪了，它们被贪吃的入侵者夺走了一切。过不了几天，斑纹蜂的幼虫会越来越衰弱，直至悲惨地死去，它们的尸体也会被蚊子的幼虫一口一口地吞吃掉。

斑纹蜂母亲虽然时常回来探望自己的孩子，可它丝毫没有意识到蜂巢里面发生了这样大的变化，它既没有把自己巢里的这群陌生幼虫杀掉，也没有把它们驱逐出去。它一直以为自己的宝宝们还在巢里安逸地睡着。

约莫自己的孩子该作茧了，斑纹蜂便会非常谨慎地把巢封好。其实，这时蜂巢里已经空了，那些蚊子的幼虫也早已寻机飞走了。这个可怜的斑纹蜂母亲竟一无所知！（既寄予了深深的同情，又有对母斑纹蜂之糊涂的无声指责。）

如果斑纹蜂的家没有遭到偷窃，即没有发生意外的话，这时将会有十几只小斑纹蜂诞生了。这些小蜂并不另外挖掘隧道以建造新家，而是继续生活在母亲挖的巢穴里。小蜂们共用那个公共的通道，通道的尽头是它们各自的家，每个家又有一些小房间，那些小房间却是它们自己建造的。

小蜂们各自忙碌着，互不打扰。如果它们在通道里碰到，会很礼貌地互相让着路，进洞口时也会很有秩序地排着队，所以，它们看上去总是那样忙而不乱。

有时候也会碰到这样的情况：一只斑纹蜂要出来，而另一只正要进去。这时，那只要进去的蜂会很有礼貌地让到一边，让里面的那位先出来，每只蜜蜂都表现得很有风度，礼貌有加。这一幕多有趣啊！（渲染了一片祥和、友爱互助的气氛。）

如果仔细观察，还会发现一件很有趣的事情。当一只斑纹蜂采蜜回来，它刚到家门口，就见一块堵住洞口的活门忽然落了下去。等这只蜂进入了洞口以后，那块活门又会自动升上来，把洞口又给堵上了。

同样，当洞里面要有斑纹蜂出来的时候，那块活门也会降下去，等那只蜂飞出来后，活门又升上来堵住了洞口。那个忽上忽下的究竟是什么东西呢？它为什么如此忠诚呢？（用连续的问句推进故事情节的发展。）

原来，那活门就是一只斑纹蜂，它用自己的头顶住了洞口，当其他的斑纹蜂要进出洞口时，它便会使自己的身体下降，先让出一个通道，等别的蜂通过后，它再用头重新顶住洞口。原来，它就是斑纹蜂这个家庭中的警卫，它的职责便是守住洞口，以免外敌入侵。

[我发现，这只斑纹蜂与其他斑纹蜂有所不同，它的头很扁，深黑色的衣服上有一条条的纹路，身上没有了绒毛，也没有了美丽的红棕色花纹——这身破碎的衣服告诉我，它是一只年迈的老斑纹蜂，也正是那些正在忙碌工作的斑纹蜂的母亲。]❶ 就在三个月之前，它还挺年轻的，辛辛苦苦地建了这个蜂巢。（从侧面表现了蜜蜂的世界里生命更新换代速度之快。）虽然它现在已经老了，但还是要发挥余热，用全力来保护这个家，成了一个尽职尽责的警卫。

一只蚂蚁嗅到了蜂巢里蜂蜜的香甜，它凑了过来，可是一到洞口，便被那位警卫吓得打了退堂鼓。幸亏小蚂蚁跑得及时，要不那守门的老斑纹蜂就会飞过去毫不客气地攻击它。

樵叶蜂（一种白色的、带着条纹的蜜蜂，常寄居在蚯蚓的地道里）也常常会打斑纹蜂的主意，因为它们不怎么会挖隧道，所以，总想去占据斑纹蜂的巢。[那些以前因为蚊子的破坏而绝了后，被蚊子占据的斑纹蜂的巢一直是空着的，樵叶蜂专门挑这样的空巢，想捡个现成。为了找到这样的空巢安放自己的蜜罐，这帮樵叶蜂常到斑纹蜂的领地里来晃悠。]❷

但一般情况下，樵叶蜂到了斑纹蜂的巢穴洞口，还没有立住足，便已经惊动了守门的老斑纹蜂。于是老斑纹蜂立即冲出洞来，它在门口舞动几下，好像是在宣告，这个洞已经有主人了。（赋予斑纹蜂人的动作和想法，读来轻松有趣。）樵叶蜂也就只好离开，另外寻觅住处去了。如果守门的老斑纹蜂不飞出来的话，樵叶蜂也休想进入洞内，因为老斑纹蜂会用自己的头紧紧地顶住洞口的。

有一次，我亲眼看到一只贼头贼脑的寄生虫，莽撞地闯进了斑纹蜂家的通道，还以为自己进了樵叶蜂的家呢。可很快，它发现自己犯了一个天大的错误，竟然闯进了斑纹蜂的家！守门的老斑纹蜂险些要了它的小命，它吓得急急忙忙往外逃。（动作和神态描写活灵活现，可见作者观察之细致，用笔之老到。）

瞧，任何想非法进入斑纹蜂巢穴的家伙，都不会轻易得逞的，这都是因为有老斑纹蜂的严密守卫。

有时候，守门的老斑纹蜂也会和另外一只老斑纹蜂发生争执。［七月中旬，是蜜蜂们最忙的时候，我们会看到两种截然不同的蜂群：年轻漂亮的斑纹蜂灵敏地忙碌着，奔波在花丛和蜂巢之间。而一些失去了活力的老蜂，茫然地从一个洞口飞到另一个洞口，它们看上去是找不到自己的家了。］❸

这可怜的老斑纹蜂其实就是那些被可恶的小蚊子蒙骗而失去家庭的斑纹蜂母亲。当老斑纹蜂发现从自己的巢里钻出来的是可恶的蚊子时，才弄清了真相。可是这又有什么用呢，它已经是无家可归的老者了。它只好悲伤地离开自己的巢穴，到别的蜂巢里，希望在别人家能谋一个管家或者警卫的职务，也可以养老了。

可是，很不幸，那些幸福的家庭都已经有

名师导读 Mingshi Daodu

❶ 外貌描写，通过与普通斑纹蜂的对比，突出了其外形特征，刻画了一只年迈的斑纹蜂形象。
（外貌描写）

❷ 一方面呼应上文，为下文无家可归的老斑纹蜂的悲惨命运埋下伏笔，同时也将樵叶蜂懒惰、爱占便宜的形象刻画得淋漓尽致。

❸ 透过作者的眼睛，用年轻的蜜蜂忙碌、灵敏的形象，反衬出老斑纹蜂的孤苦无依，茫然无助。
（对比手法）

了一个看家的老斑纹蜂了，而且每个守门的老斑纹蜂对这个要来抢自己饭碗的孤蜂都充满了敌意。的确，一个家门口，只需要一个门卫就足够了。两个警卫只会把原本就不宽敞的通道给堵住。

为了争取这个职位，老孤蜂决定和守门的老蜂进行一场决斗。而看门的老蜂毫不示弱，紧守着自家大门，飞出来接受老孤蜂的挑战。一场恶斗之后，往往是那流浪的老孤蜂身心疲惫，败下阵来。

你大概也想知道，这些无家可归的老蜜蜂后来怎样了呢？（相比之下，作者更关注弱者的命运。）我看到，它们一天天地衰老下去，数量也越来越少，最后就彻底消失了——有的被那些灰色的小蜥蜴吃掉了，有的饿死了，有的老死了，还有的万念俱灰、含恨九泉。（通过排比句式，渲染了沉重的气氛，突出了老蜜蜂们悲惨的命运，并寄予了作者深深的同情。）

那些守门的老蜜蜂呢？它们丝毫不敢倦怠，一大早就守在门口，开始站岗放哨；中午是工蜂们采蜜工作最忙的时候，好多斑纹蜂从洞口飞进飞出，老蜜蜂还是坚守在那儿；下午，外面炎热干燥，工蜂们都留在家里，建造新巢，而这时，老斑纹蜂仍然死死守着大门。

即便在尤其闷热的午后，它好像连瞌睡都顾不上打一下，兢兢业业地守护着整个家族。（拟人手法，生动传神。）

到了夜里，它是不是该休息了呢？事实证明，它还是一刻都不敢放松警惕，继续防备着夜里的盗贼。

在老斑纹蜂的精心守护下，整个蜂巢可以平平安安地生活到五月以后。不管是谁想打蜂巢的主意，老斑纹蜂都会马上冲出去，和它拼个你死我活。

蚊子这时候还是躲在茧子里的蛹，要到第二年冬天才会来搞破坏。

但除了蚊子，其他寄生虫也不少，随时可能来侵犯蜂巢。

不过，我天天仔细观察那个蜂巢，却从没有在它的附近发现什么蜂类的敌人，整个夏天它都那么安静而平和。可见老斑纹蜂有多么警惕，而那些暴徒也深知它的厉害，都躲得远远的。

名师赏析 Mingshi Shangxi

本章为我们介绍了斑纹蜂的筑巢、产卵、采蜜、准备食物等方面的特点，作者观察细致入微，对昆虫外形的描写真实、细腻而精确，同时大量运用拟人手法和比喻手法，赋予小昆虫人的行为活动，采蜜、蚊子入侵、老门卫……一切都充满人类生活的气息。其中最精彩的片段当属“蚊占蜂巢”，作者用大量抒情和议论性的文字，谴责了蚊子的无耻行径，对斑纹蜂丧子后的茫然无觉寄予了深深的同情，也对无家可归的老蜜蜂倾注了自己的人文关怀，让人读来为之恻然。

好词好句

鲜艳美丽　兴高采烈　满载而归　破蛹而出　微不足道　觊觎　纹丝不动　遍体鳞伤　任意妄为　一无所知　忙而不乱　身心疲惫

田野里的蒲公英、野蔷薇、雏菊等向这些小蜜蜂们招着手，它们很欢迎这些勤劳的小伙伴。

到了家门口，斑纹蜂会一个俯冲，钻进巢穴。

延伸思考

1.斑纹蜂之间的互助合作能带给你什么启发？

2.斑纹蜂家门口的老门卫是谁？

Chapter 16 | 第十六章

黄蜂

［黄蜂］❶ 是人们所熟知的，但是大家对它总是敬而远之。如果你想要征服黄蜂的巢，然而却没有足够准备的话，那无疑就是一场冒险。（为下文的精心准备作好铺垫。）

九月的一天，我和小儿子保尔去寻找黄蜂的巢。保尔的眼力非常好，而且注意力特别集中，是我观察黄蜂的得力助手。

我们两个饶有兴趣地欣赏着小径两旁的风景。突然，他指着不远处的一个地方喊起来：“看，那儿有一个黄蜂的巢，就在那边！”果然，在离我们大约二十码的地方，［有一群群小东西从地面上飞跃起来，并立即迅速地飞去，好像那草丛里隐蔽着一个小小的即将爆发的火山口，马上要将它们一个个喷出来一般。］❷

我和儿子小心翼翼地靠近那个蜂巢，生怕惊动了那群黄蜂，招来它们猛烈的攻击，那样的话，后果可是不堪设想的。在这些小动物们的住所门边，有一个圆圆的裂口。口的大小约有人的大拇指那么粗。同居一室的黄蜂来来去去，进进出出，摩肩接踵地向相反的方向飞去飞回，不停地忙碌着。

突然，我意识到一个问题：要是我们靠得太近去观察它们的行踪，只会让它们感到不安，并激怒这些容易发脾气的战士来袭击我们。

（“不安”“激怒”“袭击”——说明“我们”处境之危险。）因此，我们不敢多作停留。

我要想办法把蜂巢挖起来，然后带回家仔细观察和研究。于是，我和小保尔记住了这个地点，先离开这里。等到黄昏时分，这个巢的居民差不多全都回来了，这更方便我观察。

［我拿来一点儿石油、一根九寸长的空芦管和一块比较坚实的黏土。这几样东西虽然简单，但还是非常有用的。］❸ 这是我在以前的几次观察中积累的一点儿经验。我要让蜂巢里的黄蜂窒息，因为死了的黄蜂是不会蜇人的。

这个方法有点儿残忍，但黄蜂性情凶猛，为了安全起见，我又不得不这样做。因为除了观察蜂巢，我还想观察一下黄蜂，所以，希望蜂巢里还会留下一部分没有死的黄蜂。也正因如此，我选择了刺激性不太大的石油。

接下来要做的就是把石油倒进蜂巢里去。假如把石油直接倒入巢穴，那肯定是不行的，因为蜂巢穴的出入孔道口大约有九寸长，而且几乎和地面是平行的，这个长长的出口直接通到地底下的小巢。而把石油直接倒入洞口，这些石油会被通道处的泥土吸收，就到不了地下的小巢。（计算精确，心思缜密。）所以，我把已经准备好的那根九寸长的空芦管插进那个

名师导读 Mingshi Daodu

❶ 又称胡蜂，是膜翅目细腰亚目内除蜜蜂类和蚁类之外的能蜇刺的昆虫以及广腰亚目中一些不能够蜇刺的昆虫的统称，主要包括木黄蜂、雪松黄蜂及寄生树黄蜂。

❷ 把蜂巢比喻成火山，突出了其队伍庞大、气氛热烈和极其危险的特点，使行文生动流畅。
（比喻手法）

❸ 先总后分的写法，使得文章叙述有条理，且结构严谨。“总”能概括，“分”可详细说明，是科普写作中常用的手法。
（先总后分）

长长的出入孔道，让它作为一根导管。这样倒进的石油便会顺着空芦管流到蜂巢里面去了。这个方法既可以节省石油，也可以节省时间。

我和小保尔准备做这项工作的时候是九点钟，那是一个昏暗的月夜。我们只带了一盏灯，还有一篮子所需的工具。当时，远远地传来农家的狗叫声，猫头鹰躲在橄榄树枝上叫着，从浓密的草丛里传来了蟋蟀的歌声。（狗叫、鸟鸣、虫吟，描绘了一个美好的秋日夜晚。）小保尔热切而好奇地向我提出很多问题，我都耐心地给他讲解了，好满足他的求知欲。

将芦管插入黄蜂的巢穴是需要一定技巧的，因为我们并不能确定它的出入孔道是朝哪个方向的，需要不断地试探。可是，黄蜂巢里的警卫会突然飞出来，毫不客气地攻击我们。为了防止黄蜂的袭击，我和保尔一个人往巢穴里插芦管，一个人则要在旁边防卫，不停地挥动着手帕，驱赶前来阻止我们的黄蜂。芦管终于插进去了，把石油倒进芦管后，过了一会儿，我们便听到蜂巢里面一阵喧哗。我又迅速地用那块黏土将出入孔道的口塞住，再用脚把它踩实，防止黄蜂逃脱。至此，我们的工作便告一段落了，接下来的就是等待。

做完这些，我和保尔趁着月色回家了。一路上我们谈论着昆虫，享受着这个猎取黄蜂的快乐夜晚。

第二天清早，我和保尔便带着锄头和铁铲，来到那个蜂巢洞穴处。芦管还静静地插在孔道里，我们很小心地挖掘着蜂巢附近的土，大约挖了有二十寸深时，蜂巢就露出来了。这个蜂巢一点儿也没有被损坏，真是让我高兴不已。

这真是一个美丽又壮观的建筑啊！（直抒胸臆，表达了对黄蜂的建筑艺术的由衷赞叹。）它就像个大南瓜一样。除去顶上的一部分外，其他各部分都是悬空的。顶上生长有很多根，其中多数是茅草的根，这些根穿透很深的“墙壁”进入墙内，和蜂巢结在一起，非常坚实。如果蜂巢所在的地方土地是软的，那巢的形状就成为圆形，各部分都会同样的坚固。如果那地方的土地是沙砾的，那黄蜂掘凿时会遇到一定的阻碍，蜂巢的形状也就随之有所变化，至少不会那么规则和整齐了。

在巢的下方和地下室的旁边，常常留有一块空隙，大约有人的手掌那么宽，这块地方是宽阔的街道。在这里，蜂巢的建筑者可以自由行动，继续不停地进行它们各自的工作，用它们自己的双手，把窠巢建得更大更坚固。通向外面的那条孔道，与这里也是相连的。

在蜂巢的最下面，还有一块更大一些的空隙，其形状是圆的，就如同一个大圆盆一样。有了这个空隙，黄蜂们就可以扩建新房，增大蜂巢的体积。另外，这个空穴还可以作为垃圾箱盛废弃物品。看来，这里的基本建设还是非常齐全的。

这个地下巢穴是黄蜂们亲自挖掘建造的，这一点确定无疑，因为如此之大、如此整齐的洞穴，在自然界根本没有现成的。它们开始创建这个巢的时候，也许是利用了鼹鼠丢弃的洞穴，但是其他的大部分建筑工作都是由黄蜂们自己来完成的。可是，在黄蜂的巢穴洞口上面并没有成堆的土，那些挖掘上来的土都到哪里去了呢？（起承转合，在解答疑问的过程中步步逼近真相。）原来，参与建筑这个硕大巢穴的黄蜂有成千上万只，随着蜂群的日益壮大，还可以随时将它扩大。这些黄蜂飞到外面去的时候，身上都会带上一粒土屑，然后把它抛撒到远处去。（集体的力量和智慧是无穷的。）所以，我们看不到挖出的泥土的痕迹。

黄蜂的巢是用一种很薄却很柔韧的材料做成的，这种材料就像一种棕色的纸，由一些木头的碎屑组成。这“纸”上有一条条色彩深浅不一的带，颜色的深浅是由于木头的种类不同而造成的。

整个巢呈宽的鳞片状，铺得一层一层的，就像是厚厚的毛毯，而且上面有很多孔，孔里面含有大量的空气——这样一来，外壳里的温度在天气很热时，一定是很高的。（作者不时在文中穿插一些科普知识，达到了寓教于乐的目的。）

这个建筑十分符合物理学和几何学的定理：黄蜂们利用空气这种不良导体来保持家里的温度——令人称奇的是，它们早在人类还未曾想到做毛毯之前就已经做出来了；它们在建筑窠巢的外墙时，可以利用极小的空间，造出足够多的小房间，它们的小房间在占地面积和材料应用上也同样是非常经济的。

不过，这些建筑家虽然有着聪明精巧的一面，但当它们遇到挫折时也会显现出愚笨的一面。我想，一方面，它们受本能驱使，能像科学家一样行动；另一方面，它们不懂得变通，智力还是相当低下的。（条理分明地阐述自己的观点，睿智的哲思跃然纸上。）

我曾经做过一个实验，可以证明这一点。在我家花园的路旁边，有一个黄蜂的巢穴。有一天晚上，天黑后，我确认黄蜂都已经回家了，就抚平泥土，用一个大玻璃罩罩住了黄蜂的洞口。当它们飞出地穴，发现自己的飞行已受阻时，会不会另外挖掘出一个通道，以脱离这个玻璃罩呢？这正是我想知道的答案。

第二天清早，我再去黄蜂的洞口观察，发现黄蜂们已经成群地从地下飞上来了。它们可能是急着要出去寻找食物，所以，一次又一次地撞击着透明的玻璃。每次撞上去，它们又会跌落下来，然而，它们似乎并不甘心，仍然固执地往上撞。

其中有一些黄蜂撞累了，就脾气暴躁地乱走一阵，回到了穴中，换另一批黄蜂来撞。但是，它们的努力是没有丝毫效果的。竟没有一只黄蜂想到在玻璃罩底下挖掘一个通道。这就说明它们毕竟智慧有限，是不能设法逃脱的。（通过实验得出的结论，令人信服。）

这时，一些在外面过夜的黄蜂回来了。它们围着大玻璃罩不断地盘旋，过了一阵儿，一只带头的黄蜂便到玻璃罩的边沿下面去挖土，其他的黄蜂也纷纷效仿。大家一起动手，不多久，一条通道就被开通了。外面的黄蜂钻了进去，回到了自己的家。

见此情景，我又用土将黄蜂们开辟的那条通道堵上，想看看里面的那些黄蜂通过观察和思考，会不会找到这条可以给它们带来自由的通道。或者刚刚进去的那些黄蜂会给里面的伙伴指引一下道路，告诉它们可以挖掘通道，让大家都逃离这个大牢房。

但是，黄蜂们的表现让我很失望。里面的黄蜂仍然一群一群地交替着乱撞，看上去没有什么计划，也没有什么目的。时间久了，那些黄蜂中有许多已经饿死了。一个星期过去了，很遗憾，大玻璃罩下的黄蜂全军覆没，地面上铺了一堆黄蜂的死尸。（场景描写，渲染了黄蜂全部饿死的惨状。）

从原野里返回的黄蜂们可以另辟新路，毫不费力地回到自己的家中。其原因是，它们从泥土外面可以嗅知自己的家，并去寻找它。这是黄蜂自然本能想方设法投入家的怀抱的一种表现，或者说是它们的一种防御方法。这是不需要任何思想和解释的。自从小小的黄蜂初次降临到这个世界上的时候开始，它们就具有了这种本能。地面上的一切阻碍，对于每一只黄蜂而言，都已经很熟悉了。

但是，对于那些不幸被罩在玻璃罩里的黄蜂，就没有这种本能来帮助它们逃离险境了。它们的目的是明确的、单一的。它们想到阳光里面去，到野外去觅食。

［它们被罩在玻璃罩里，在这个透明的牢狱中，能够看到日光，它们便被蒙骗了，以为自己的目的已经达到。虽然它们几经努力，一往无前，不断地和玻璃罩相抗衡、相碰撞，心中抱有无限希望，想朝着日光，飞得再远一点儿，以便能觅到急需的食物，可事实上那是无用的。］❶

在它们以往的经历中，没有任何经验和实践指导它们遇到这种情况时应该如何行事。于是它们走投无路，别无选择，只能盲目地固守着它们生来就惯有的老习性，从而使生的希望越来越小，逐渐将自己推向无奈的死亡。

我挖出了那个黄蜂的蜂巢，仔细观察起来。［掀开蜂巢的厚包，我看到里面隐藏着许多小的蜂房，那些蜂房上下排列着，由一些稳固而坚实的柱子连接着。这些小蜂房大概有十几层，它们的口都朝向下方。这是因为幼蜂都是倒挂着生长的，它们无论是吃饭还是睡觉，头都是朝下的。蜂房与外壳之间有较大的空隙，这种空隙就像一个公共的通道将各个蜂房连接起来。在这些通道里，黄蜂们忙碌地进进出出。蜂巢外壳的一端有一个比较粗陋的裂口，这个裂口就是蜂巢与外界相通的进出口，

名师导读 Mingshi Daodu

❶融入了作者的想象和情感，用人的心理来揣测黄蜂的想法，读来亲切且具有感染力。

❷语言简练而准确，把复杂的蜂巢内部结构描写得层次分明，错落有致。（细节描写）

❸一种缺乏生殖能力的雌性蜜蜂，蜂群中最主要的种类，寿命比雄蜂长，但也只有几个月。可以说，工蜂每天除了吃饭、睡觉，都在干活，是蜜蜂家族中最勤劳的成员。

也就是整个蜂巢的大门。]❷

在黄蜂的大家庭中，有很多成员一生都在不辞劳苦地工作，担负着修建蜂巢和养护幼虫的任务。这些成员便是［工蜂］❸。尽管它们并没有自己的幼虫，却照样小心勤勉，无微不至。

为了更细致地观察工蜂是怎样工作的，我把蜂巢的一部分放在大玻璃罩下。那些蜂巢里还存活着许多蜂卵和幼虫，并且还有很多工蜂在悉心地照看着它们。我将蜂巢分割成几小块，让蜂房的口朝上，并列地排放在玻璃罩里。然而，这样颠倒排放并没有使那些习惯了倒挂的小东西们感到不适应，它们依然在忙碌地工作着，就好像什么都不曾发生过一样。（说明工蜂的适应能力极强。）

为了更好地模拟黄蜂的生活环境，我把一个泥制的锅扣在玻璃罩上，以此来代替蜂巢的土穴，又盖上了一个可以移动的纸板做的圆顶，使蜂巢的内部恢复以往的黑暗。

除此之外，我还用蜂蜜来喂养它们，给它们提供足够的食物。工蜂们一面照料着巢里的卵和幼虫，一面又要修建房屋，它们好像是要建一个外壳。因为原来的那个外壳已经被我破坏了。看样子它们并不是想修修补补，而是要重新筑一道铜墙铁壁。于是，工蜂们一起努力着。没用多久，它们就建成了一个弧形的鳞片状的房顶，这个房顶足以遮盖住三分之一的蜂房了。

我选了一块软木头送给它们，希望这种“新型”的材料可以对它们盖房子有点儿用。但是黄蜂们似乎并不领情，它们对我送的这块软木总是视而不见。

工蜂们仍然继续利用那些废弃的空巢，因为那些旧巢里的纤维是它们以前做好的，现在加以利用是再方便不过的了。而且，它们只需要少量的唾液，把旧材料放进大腮里咀嚼几下，便可以制成非常不错的糨糊，这样也为它们节省了很多唾液。就这样，工蜂们废旧立新，把不居住的小房间都拆除并粉碎，用它们造了一个类似天棚的东西。它们也会用同样的方法建造一些新的房间，以供新增加的成员使用。（黄蜂善于废物利用、变废为宝，体现了其高超的生存智慧。）

这些工蜂除了辛辛苦苦地建造房屋，还有一项很重要的工作，那就是喂养幼虫。真是难以想象，刚才那些刚健勇猛的建筑工人，转眼间竟成了温柔细心的保姆。（夹叙夹议，表现了工蜂的勤劳能干和在蜂群中发挥的重要作用。）它们是怎样来喂养那些柔弱的幼虫的呢？原来，在那些工蜂的身上都有一个嗉囊，嗉囊里面装满了蜜汁。

喂养好可爱、柔弱的小宝宝，可是需要相当的耐心与细致的。只见这些细心的保姆带着蜜汁飞到一个小房间前面，然后把自己的头先探进小房间，又用触须的尖儿去轻轻触碰里面熟睡的幼虫。房间里的幼虫清醒过来了，它似乎发现了保姆的触须，于是微微地张开自己的小嘴，小脑袋摇来摆去地索要食物。当它的小嘴接触到小保姆的嘴时，小保姆的嘴里便会流出一滴蜜汁，蜜汁随即流进幼虫的嘴里。一滴蜜汁已经够这只幼虫享用的了。接着，小保姆又带着蜜汁飞到另一个房间，继续喂养其他的幼虫。（用细腻的笔触描写了工蜂喂养幼虫的场景，勾勒了一幅慈母哺育幼儿的温馨画面，工蜂之细心、周到、体贴让人叹服。）

其实，从小保姆嘴里流出的蜜汁只有一大部分流入幼虫的嘴里，有一小部分会流到幼虫的身上。但是，这一小部分外泄的蜜汁是不会被浪费掉的。在喂食的时候，幼虫的胸部会膨胀起来，就像一块围嘴布，外泄的蜜汁都会滴落在这块“围嘴布”上。等幼虫把嘴里的蜜汁喝完，就会低着头吮吸滴在胸部的蜜汁。等蜜汁差不多都吸干净了，幼虫的胸部就会自动地收缩回去了。幼虫吃饱后，便会缩回自己的小房间里，又美美地睡觉去了。

大玻璃罩里的蜂巢是口朝上的，里面的幼虫自然也是头朝上的，所以在喂食时外泄的蜜汁自然会滴落在幼虫膨胀的胸部。不过，在正常的蜂巢里，幼虫的头是朝下的，那它们膨胀的胸部还能起到同样的作用吗？其实，无论幼虫的头朝上还是朝下，它那膨胀的胸部的功效都是一样的。因为，倒挂着的幼虫在进食时，它的头是略微弯着的。因此，从嘴里溢出的蜜汁还是会堆积在它们那膨胀的胸部，况且，那蜜汁非常黏稠，会牢牢粘在那块“围嘴布”上。有时候，那些喂食的工蜂也可能故意多放一些食物在那块“围嘴布”上，这样的话，即使下一次喂食不及时，幼虫们也不会饿肚子了。这样做还有一个好处，那就是不至于让小宝宝们吃得太饱，撑坏了小肚皮而夭折。

我为生活在大玻璃罩里的黄蜂们准备了足够的蜜汁，幼虫们总能吃到这些营养丰富的食物。而那些生活在野外的黄蜂却没有这样的好运。

到了深秋或者冬天，万物萧瑟，黄蜂们就很难有机会采蜜，也就没有足够的蜜汁来喂自己的幼虫了，它们只好选择其他的食物。黄蜂们会捉一些苍蝇，然后将苍蝇切碎，分给幼虫们吃。

吃了蜜汁以后，所有的看护者和被看护者似乎都变得精力旺盛起来。而且，一旦有什么不速之客突然闯进蜂房里，进行袭击侵略，那么它们将很不幸地立刻被处以死刑。显然，黄蜂是非常不好客的，它们绝对不允许那些家族以外的成员闯入自己的家园。（总结黄蜂的又一特性。）即使是它们的近亲，若是不请自到的话，也免不了被扫地出门。

托足蜂是一种与黄蜂外形十分相像的蜂，它们无论在形状上还是颜色上，都和黄蜂没有太大的差别。但是，只要托足蜂一靠近黄蜂的巢，黄蜂们便会迅速集合起来，攻击这个入侵者。往往还没等托足蜂反应过来，就已经被黄蜂们攻击得奄奄一息了，临死前它还想不明白它那酷似黄蜂的外貌为何没能使它蒙混过关呢。

黄蜂是不会轻易地放过任何不请自来、不识趣的“客人”的。因此，其他动物还是躲远一点好。（用调侃的口吻劝诫其他动物提防黄蜂，增强了趣味性。）

为了观察黄蜂对其他不速之客的反应，我先后把弱小的［锯蝇］❶的幼虫和一种比较强悍的幼虫放入大玻璃罩下的蜂巢里。结果，黄蜂对它们的待遇是不同的。我先把锯蝇的幼虫放入蜂群，那条绿黑色的小虫立即引起了黄蜂们的注意。［黄蜂们先是十分好奇，然后对那小虫发起了攻击。它们试图把小虫弄伤，再合力把受伤的小虫拖出蜂巢。而与此同时，这条小虫也不示弱，奋力抵抗着，不停用它足上的钩子钩住蜂房。然而，最终这条可怜的小虫还是因为伤势太重，而被黄蜂合力拉了出来，身上血迹斑斑，惨不忍睹。］❷在对付那条小虫的过程中，黄蜂们耗费了足有两个小时的时间，但始终没有动用身上的毒刺。

然而，当我把住在樱桃树孔里的一种较魁梧的虫子放进蜂巢后，黄蜂们的表现就不一样了。（用对比的方法来说明黄蜂对待大小不一的猎物，方法也不尽相同。）一见到这只大一些的虫子，几只黄蜂便立即围堵上来，并用毒刺去攻击这只虫子。不一会儿，这只稍许强壮的虫子就丧了命。接下来，黄蜂的麻烦来了——它们很难直接把这具笨重的尸体拖出巢外。于是，它们另外想了个办法，那就是合力来吃这只虫子，直到它小到可以被拖动为止。最后，黄蜂们会把这只尸骨不全的虫子扔出蜂巢。

大玻璃罩下的蜂房里，那些小幼虫们在保姆们的精心喂养和保护下，不必怕饿肚子，也不用担心外敌入侵，所以它们一天天快乐地生长着。但是，所有的事情都有例外。在蜂巢里，竟有一些非常柔弱的小幼虫，它们不幸患了病，不能进食，一天天憔悴、消瘦下去。

［那些小保姆们早已比我更清楚地知晓了这一切。它们十分无奈地把头轻轻弯下来，朝着那些可怜的患病者，用触须很小心地去试听一下，最后得出结论，证明这些病者的确是不可医治，无法挽救了。于是，慢慢地，这些弱小的生命逐步走向生命的尽头。最终，它们会被毫不怜惜地从小房间里拖到蜂巢的外面去。］❸

在充满野蛮气息的黄蜂的社会里，久病者不过仅仅是一块没有用处的垃圾而已，越是赶紧拖出去越好，否则的话，就有病菌蔓延传染的可能。对于黄蜂而言，那将是很可怕的事情。

但是这还不是最坏的可能。（制造悬念，使情节一波三折。）因为，随着冬天渐渐来临，黄蜂们大都已经预感到它们将来的命运。它们深知，末日就在眼前了。

已经是十一月了，天气越来越冷，蜂巢里也发生了一些变化。已经看不到黄蜂们热火朝天地修房盖屋，也看不到那些小保姆尽职尽责地喂养小宝宝了。

小保姆们显然已经失去了工作的热情，它们为自己短暂的未来感伤不已。它们看着那

名师导读 Mingshi Daodu

❶一种膜翅目昆虫，包含多个种类，因其产卵器像锯的刀片而得名。锯蝇的幼虫很像毛虫，以树叶、蔬菜等为食。

❷通过描写“敌我双方”激烈战斗的场面，刻画了黄蜂对待入侵者的血腥和残忍。这也与上文中工蜂对待幼虫的温柔细心形成了强烈对比，使文章充满了戏剧色彩。（细节描写）

❸工蜂虽然尽心尽力、无微不至，但还是阻挡不了死神的脚步。工蜂的试探和最终的决定，既体现了它们的理性，也暗含着无奈。

些饥饿而孤独的小幼虫，也许不禁想到，等自己死后谁来照顾这些后代呢？（通过揣测工蜂的心理，来引出幼虫最终的命运。）如果它们得不到照顾，终究会慢慢饿死。想到这些，它们便决定，还不如亲自结束了这些小生命，“长痛不如短痛”（引用人们耳熟能详的俗语，方便读者理解工蜂的心理），免得它们以后要忍受饥饿的煎熬，最终悲惨地死去。

就这样，黄蜂们痛下决心，展开了屠杀幼虫和蜂卵的行动。那些工蜂把小幼虫一只只从小房间里拖出来，凶狠地咬死，然后蛮横地拖到巢外，扔到垃圾堆里。它们又把卵撕开，分着吃了。工蜂们残酷地结束了那些幼虫和卵的性命，而在不久后，它们也突然间集体死亡。它们应该是寿终正寝了。

母蜂是蜂巢中最晚生出来的，它们还年轻。所以，它们面对严冬的威胁，似乎还能抵挡一阵。但是，渐渐地，它们也表现出一种慵懒的姿态。在它们还健壮的时候，总是很在乎自己的外表，不停地拂拭着身上沾的尘土，让自己的外衣永远清洁、鲜亮。而当它们无心顾及自己的装束时，就预示着这些母蜂将要离开自己的巢穴了。它们带着一身尘土，最后一次离开巢穴，打算再享受一点日光的温暖。忽然，它们跌落在地上，一动也不动了。它们不愿死在蜂巢里，应该是想保持自己家园的清洁吧。（用最后一点力气、最后的行动，证明了对家园的热爱，让人感慨不已。）

我的笼子里，一天天地空起来了。（渲染了悲剧气氛，意味着黄蜂渐渐死光了。）虽然这个屋子仍然是暖和的，里面还储备有很多的蜜汁，可供剩下来的那些健康者食用，但是，到了圣诞节的时候，仅仅剩下了约一打的雌蜂。到一月六日，连最后剩余的黄蜂也全都死掉了。

那么，这种死亡是从何而起的呢？它们并没有受过饿，也没有挨过冻，更没有经历过离家的痛苦。它们究竟是因为什么而死的呢？

我们不应该归罪于囚禁，即便是在野外，也会发生同样的事情。在十二月末的时候，我曾到野外去观察过很多的蜂巢，都曾经发生过同样的情况。大量数目的黄蜂，必须要死亡，这并不是因为碰到了什么意外情况，也并不是因为疾病的干扰，或是因为某种气候的摧残影响，而是由于一种不可逃脱的命运。

这种命运摧残着它们，和鼓舞着它们生活下去的力量是一样有力的。（辩证的观点，富有哲理，发人深思。）不过，它们这样的生命，对于我们人类倒是很有好处的。一只母黄蜂可以创造出一个拥有三万居民的城市。假如全体黄蜂都存活下来，那么可想而知，这将是一场多么大的灾难啊！若是那样的话，黄蜂就可以在野外构造自己的王国，并且称王施虐了。

到了后期，蜂巢自己会毁灭的。一种将来会变成形状平庸的蛾子的毛虫，一种赤色的小甲虫，还有一种身着鳞状的金丝绒外衣的小幼虫，它们都是有可能攻击、毁灭蜂巢的小动物。它们会利用锋利的牙齿，咬碎一层层小巢的地板，使得整个蜂巢内的所有住房全部崩塌毁坏。最后，剩下来的只有几把尘土和几片棕色的纸片。

到了第二年春天，黄蜂们便又可以废物利用，白手起家，发挥大自然在建筑房屋方面赋予它们的高度的灵性和悟性，建造起属于它们自己的新家园。（生生不息，充满希望。）新的结构精巧而且十分坚固的城池，其中居住着约有三万居民——一个庞大的家族。它们将一切从零开始。它们会继续繁衍后代，喂养小宝宝，继续抵御外来的侵略，与大自然抗争，为自己的安全而战斗，为蜂巢内部生活的快乐而贡献自己的力量。生命不息，奋斗不止！

名师赏析 Mingshi Shangxi

黄蜂俗称马蜂，是一种毒性很大的昆虫。法布尔为了研究黄蜂的习性，做了大量实验，并将其整理成优美的文字，呈现在我们面前。在本篇中，作者对黄蜂的建筑才能与智力程度一笔带过，重点介绍了工蜂的工作和生活，通过修补蜂巢、哺育幼虫、对抗外敌等一个又一个详细的片段，让黄蜂尤其是工蜂的形象在读者眼前清晰展现。作者赋予黄蜂这种不起眼的昆虫以人的情绪和情感，让人读来亲切自然。而文末作者对黄蜂“生命不息，奋斗不止”的评价，也表达了作者自己的乐观积极的态度，启发读者永远心存希望，为美好的生活不断努力。

好词好句

敬而远之　摩肩接踵　逃离险境　修修补补　铜墙铁壁
视而不见　废旧立新　白手起家

好像那草丛里隐蔽着一个小小的即将爆发的火山口，马上要将它们一个个喷出来一般。

这种命运摧残着它们，和鼓舞着它们生活下去的力量是一样有力的。

延伸思考

1.你知道一个蜜蜂家族里有几种成员吗？

2.看完这篇文章，你能总结一下黄蜂的性格特点吗？

Chapter 17 | 第十七章

樵叶蜂

园子里的玫瑰花或丁香花的叶子上，经常会有一些圆形或椭圆形的小洞，就好像是哪个能工巧匠精心剪裁过的一样。有的叶子上这样的小洞太多了，以至只剩下一条条的叶脉了。

如果你正漫步在园子的花丛中，看到这些小洞，肯定会问：这到底是谁干的呢？它们这样做是出于好玩，还是由于那叶子很合它们的胃口呢？（用设问句引出下文，同时启发读者思考。）

在这些叶子上裁剪小洞的正是樵叶蜂，它们有个像剪刀一样的嘴巴。（明喻手法，形象直观。）只要樵叶蜂在叶子上转动一下身体，就可以剪下一块小叶片。至于它们为什么这样做，当然不是因为好玩，也不是因为这叶子好吃，它们要用这种小叶片做些更重要的事情——樵叶蜂们把这些小叶片拼凑成一个个针箍形的小袋，用这小袋来储藏蜂蜜和卵。每只樵叶蜂都会准备十多个这样的小袋，把这些小袋一个个地叠放在一起。

我们平常见到的樵叶蜂是白色的，身上还有条纹。它们一般聚集在蚯蚓的地道里，这些地道是很容易找到的。樵叶蜂只利用这地道的一部分作为自己的巢，因为地道的深处既阴暗又潮湿，很不适于居住，所以樵叶蜂只利用靠近地面的一段作为自己的住处。

那地道对于樵叶蜂这种天敌众多的昆虫来说，根本就算不上一个十分有效的防御设施。所以，樵叶蜂必须想办法来加强这个地道的防御功能。这时候，那些剪下的叶片便可以派上大用场了。（呼应上文，揭示答案。）樵叶蜂先用一些零碎的小叶片把地道的深处堵住，然后再在这些碎叶上修建一叠小巢。这些用来填堵的小叶片，都是樵叶蜂漫不经心地从叶子上剪下来的，所以看上去非常零碎。而建筑这些小巢所用的叶片可比堵塞地道用的碎叶要精细得多了，它们大小均匀，形状整齐。圆形的叶片是用来作巢盖的，椭圆形的叶片则用来作巢底和边缘。（通过对比手法，说明樵叶蜂粗中有细，工作方法得当。）

为了适应巢的各部分要求，樵叶蜂还需要剪出大小不同的叶片。尤其是巢的底部，必须要精心地去设计。因为没有一张较大的叶片可以正好堵住地道的界面，所以，就需要用几块较小的叶片拼合而成，还要求拼合得没有缝隙。那个作巢盖的圆形叶片，就好像是用圆规精确地规划过的一样，竟可以和巢的口恰好吻合！

樵叶蜂并没有什么测量仪器，也没有一个现成的模子作为参考，它为何能精确地剪下这些叶片呢？

有人曾推测，樵叶蜂把自己的身体当成圆规，它把尾部固定在叶片上的一个点上，然后转动头部，这样那个剪刀似的嘴巴就可以裁出一个圆形的叶片。那圆形的叶片不能过大，也不能太小，太大了不能进入地道，太小了又会落入巢内。樵叶蜂怎样来判定自己所需要的巢盖的大小呢？还有，樵叶蜂必须在离家很远的地方，毫不犹豫地裁下一片圆形的叶子来作为巢盖，可是此前它根本就不曾用绳子之类的东西测过巢的大小，它也没有一个图样或者模子作为参考。这对于人类来说，无疑是一个难题。然而樵叶蜂却有着深厚的几何学基础，它们在实用几何学上的才能，让我们不得不佩服。（表达了对大自然所赋予樵叶蜂的几何学天分的赞叹。）

名师赏析 Mingshi Shangxi

本篇重点介绍了樵叶蜂裁剪叶片的本领，与书中的其他大部分篇章所不同的是，作者只提出了问题而未解答，把问题抛给了读者，有助于激发读者的求知欲和探索欲。而包括樵叶蜂在内的许多昆虫的“科技天分”，确实远超人类，也给人类的发明创造带来了无限启发。

好词好句

园子里的玫瑰花或丁香花的叶子上，经常会有一些圆形或椭圆形的小洞，就好像是哪个能工巧匠精心剪裁过的一样。

它们有个像剪刀一样的嘴巴。

延伸思考

1.大胆地猜测一下，樵叶蜂是靠什么把叶子裁剪得那么精确的呢。

2.圆规除了能画圆，还能用来制作简笔画，试试看吧。

Chapter 18 | 第十八章

黑胡蜂

黑胡蜂一般是黑黄色的，它的腰非常纤细，腹部鼓起。它们飞行时悄无声息，姿态十分轻盈。黑胡蜂在休息时，它的翅膀会折叠成两半。（语言凝练，结合静态描写和动态描写，概括了黑胡蜂的主要特征。）

在我居住的地区有两类黑胡蜂，一类是阿美德黑胡蜂，一类叫果仁形黑胡蜂。这两类黑胡蜂都是凶残的膜翅目昆虫，它们会刺蜇猎物，把猎取的毛虫喂给自己的孩子们。

阿美德黑胡蜂常常把巢建在太阳可以暴晒的地方，比如那摇摇晃晃的树枝上。它的巢结构很简单：一条没有泥土的过道，过道的尽头是一间蜂房，但巢有一个很规则的圆屋顶，屋顶的较高地方有一个狭窄的通道，足以让阿美德黑胡蜂自由进出。在屋顶的上方有一个很精致的细径口，大约有两厘米高，直径大概也是两厘米。这个细径口看上去很像个烟囱。（详细的数据加上生动的比喻，使其形象直观。）阿美德黑胡蜂在选定的场所上，首先垒一座厚约三毫米的环形墙，这个墙的材料是小石子和泥灰。阿美德黑胡蜂是从人们常走的山间小径或公路上选材的，它们用自己大颚的尖来扒一点儿泥灰粉，然后用唾液将其浸湿，从而制成泥灰浆。除了泥灰，它们还会选一些砾石。那些砾石最好是光滑而且半透明的石英碎粒，大约有梨籽那么大。它们会把墙壁弄得十分平整，因为这样幼虫才能在里面住得更舒适。在筑墙的整个过程中，浇灌泥浆和粘砾石总是交替进行的，这样砾石就被牢固地粘在墙壁里。随着墙面的升高，建筑物会略向中心弯曲，这样房子就会呈现球状。（情节描述融入几何学原理，寓教于乐。）

在房顶的最高处有一个喇叭状的孔，就像是一个瓶颈，这其实就是一个纯泥浆做的出口。至此，蜂房就建造好了。雌蜂产卵后，便用一个镶嵌着一粒小石子的水泥塞子，将这个出口封住。这个建筑物看起来有些粗陋，但是却很坚固。它足以抵得住风吹雨打，用手指戳都戳不坏。

果仁形黑胡蜂分布很广，所以对建造蜂房的地基也就没有什么特别的要求，显得比较随意一些。野外的石头上、灌木的小树枝或其他植物的高秆上、墙壁上、板窗的木板上，都有可能建有果仁形黑胡蜂的巢。（列举越详细，说明作者观察得越仔细。）它们不会为自己住所的隐蔽性担心，也不会为周围没有遮挡的地方而担忧，因为它们不像其他同伴那样怕冷。

黑胡蜂也懂得经济学，它总是会在第一个蜂房的屋顶上再接一个蜂房，这样可以叠加五六层，有时候会更多，这样的话两个蜂房就可以共用一层隔板，岂不是又省料又省工？（以人的行为去推测黑胡蜂的意图，增强趣味性。）黑胡蜂的圆屋顶可算得上是一件艺术品了。或许那些建造这个屋顶的建筑师们也会为这样一件杰作而沾沾自喜，它们看上去似乎也有那么一点儿审美观。

动物们是否真的具有审美观呢？（用设问句吸引读者的注意。）蜂巢顶部的那个出口如果是一个普通的洞，也丝毫不妨碍这些昆虫的出入。那它们为什么不惜耗费更多的时间和精力来建造一个别致的出口呢？而且，它们选择的为圆顶外部砌面的砾石，也都是大小均匀、表面光滑的半透明石英砾石。更让人不可思议的是，蜂巢的圆拱顶上镶着几粒空蜗牛壳，那些蜗牛壳已经被太阳晒白了，排列在屋顶，简直好看极了。

而其他的一些动物也有装饰自己家园的爱好。（延伸到其他动物，激发读者的发散性思维。）比如喜鹊，还有澳大利亚的一种大亭鸟。大亭鸟会在自己巢的门槛上放一些闪亮光滑的彩色的东西——像鹦鹉的羽毛、彩色的贝壳、光滑的小石头等，甚至还有人类丢弃的金属纽扣、漂亮的碎花布等。昆虫和鸟儿们这种装饰房屋的行为的确让人迷惑不解，也许它们真的具有某种审美观。

说完了黑胡蜂修建的蜂巢，我们再来谈一谈它们的饮食。黑胡蜂们完全继承了自己祖先的饮食习惯。它们主要是吃一些小毛虫。这些小毛虫是淡绿色或者淡黄色的，身上还长着白色的短毛。

果仁形黑胡蜂在食物上有自己的偏好。它们的猎物是一种淡绿色的、长约七毫米的毛虫。这种毛虫有节段的结合处能很明显地收缩，在中部节段上排列着两行具有眼状斑的苍白色乳晕，其头部有棕色的斑点，而且比身体的其他部分要宽。

对于黑胡蜂来说，食物的数量要比质量重要得多。在黑胡蜂的蜂房里，有的装有五只毛虫，有的则装有十只。不同蜂房内储存的食物数量竟能相差一倍之多。这是因为，黑胡蜂发育完全后，雄蜂要比雌蜂的身体小，其重量和体积都只有雌蜂的一半，所以食物的数量也理所当然地是雌蜂所需食物数量的一半。从这里我们就可以推断出，那些食物数量多的蜂房应该是雌蜂居住的，而食物较少的就是雄蜂的房间了。

雌蜂似乎事前就知道自己要产下的卵的性别，它在每个蜂房里储藏好了相应数量的食物，然后才产卵，这让我们人类深感惊奇，难以置信。如果这还不足为奇，那就来看一下黑胡蜂幼虫那令人称绝的防御武器吧。黑胡蜂的幼虫孵化出来后，它们和卵一样是倒着悬挂在自己房间的天花板上的。幼虫垂直于天花板，吊挂在一根细线上。在就餐的时候，幼虫的头是朝下的，它小心翼翼地搜寻着毛虫松软的肚子。只要那条快要断气的毛虫动弹一下，黑胡蜂幼虫便会立刻抽回身子，不会让自己被慌乱扭动的毛虫卷起来。原来悬挂黑胡蜂幼虫的那根细线是一个套子，就像是一个通道，幼虫可以通过这个通道爬到天花板上去。（设计巧妙，令人叹服。）黑胡蜂幼虫只要发现下面有一点儿危险，就会立即撤退到那个套子里，然后爬到隐蔽的天花板处。

不过等幼虫再长大一些，就可以动用武力和毛虫一搏了。那时它会把那个套子扔到一边，干脆降到毛虫的身上，大摇大摆地吃上一顿。

名师赏析 Mingshi Shangxi

在这篇文章中，作者撷取了黑胡蜂的几个生活片段，语言俏皮，针对性强，增强了可读性，使读者不至于感觉乏味无趣。本文内容宽泛，从建造蜂巢联想到审美观和经济学，从幼虫的进食方式扩展到生存本能激发出来的生存智慧，文章虽短，意蕴无穷。

好词好句

悄无声息　摇摇晃晃　自由进出　不可思议　迷惑不解
大摇大摆

它们飞行时悄无声息，姿态十分轻盈。

延伸思考

1.除了黄蜂、黑胡蜂，你知道胡蜂家族还有哪些成员吗？

2.为什么雌黑胡蜂吃的食物比雄黑胡蜂吃的还要多？

Chapter 19 | 第十九章

松毛虫

每年，松毛虫都会在我园子里的那几棵松树上做巢，那几棵高大的松树都快被这些毛虫啃光了。所以，以往每到冬天，我就得花费很大的力气来毁坏和清除这些巢，以免来年松树遭遇更大的迫害。因此，我愤愤不平，一直想把它们赶走。

不过，现在我突然对这些小松毛虫产生了兴趣，于是决定先让它们暂时安居在我的松树上，一年，两年，甚至更久，直到我了解了它们的全部故事为止。（展现了作者刨根问底的探索精神。）

很快，我就在离门不远的松树上，发现了三十几只松毛虫的巢。天天看着它们在眼前爬来爬去，使我迫切想了解松毛虫的故事。这种松毛虫也叫作“列队虫”，因为它们总是一只跟着一只，排着队行动去。

我们首先来看看松毛虫的卵吧。（娓娓道来，循循善诱。）八月份的上半个月，若是到松树间细细察看，我们就会在浓绿的松叶丛里找到一些白色的小圆柱，这就是松毛虫母亲所产的虫卵群。

每个小圆柱体都包裹在一对对松针的根部，大约有三厘米长，四到五毫米宽。从外观上看，就像榛树未曾开花的柔荑花序一般。这个卵群白里略带点黄色，上面还有一些鳞片状的东西，看起来就像屋顶上叠着的一层层瓦片。（从长、宽到颜色到包裹物，叙述有条理，比喻形象直观。）这些鳞片牢牢地粘在小圆柱体的顶部，它们上面有一些柔软的绒毛，可以防止雨水或者露珠渗透到里面，起到保护虫卵的作用。

[那么，这些绒毛是从哪里来的呢？原来，这都是松毛虫母亲从自己身上脱下的毛——它们从自己身上拔下一部分毛，给虫卵做了一件温暖的外套。]❶

如果用钳子把圆柱体上面的一层带有绒毛的鳞片拨开，我们就会看到那些虫卵了，它们就像一颗颗白色[珐琅]❷质的小珠子。这些小卵密密地挨挤着，排成纵队，整个圆柱体里有三百多个卵，这些卵都是一母所生。

[那些珐琅质的小珠固然美丽，但它们那种有规则的排列方式更让我感兴趣。相邻两列的虫卵交错地排着，竟没有一点儿缝隙。大自然中的一切都是那么有规律，妙不可言。一种花瓣的曲线有规则地呈现出来，甲虫的鞘翅上有着精美的图案……这些似乎都不是偶然。我们只能猜想有一位“美”神在默默地安排着大自然，使它呈现出缤纷的色彩。]❸

九月时，松毛虫卵就开始孵化了。把圆柱体的鳞片稍微掀开一点点，我们就可以看到里面有黑色的小脑袋在啃咬着，试图弄破、推开上面的顶板。（三个动词准确而生动地表现

名师导读 Mingshi Daodu

❶简单的答案中，包含着伟大而深沉的母爱。作者笔下的昆虫都散发着人性的光辉，增强了文章的思想性。（设问句）

❷覆盖于金属制品表面的玻璃质材料。以石英、长石等为主要材料，加入纯碱、硼砂等溶剂，再加入一些乳溶剂和着色剂，经粉碎、混合和熔融后，倾入水中急速冷却而制成珐琅块，珐琅块再经细磨则得珐琅粉。

❸用充满诗意的语言和饱含哲理的畅想，表达了对大自然造化之神奇的赞叹，也表达了作者对于大自然的热爱——只要用心观察，就会发现美无处不在。（列举说明）

了松毛虫渴望自由的急切心情。）那些黑色的小脑袋下面是淡黄色的身体，上面长满了纤细的毛，纤毛有黑色的，也有白色的。这些小脑袋都黑得有些发亮，竟有身体的两倍粗。

那些小虫出生后，就会立刻爬到圆柱体的上面，吃起托着自己巢的那些针叶。如果有几条恰巧落到一起的幼虫吃饱了，它们便会自然地排成一条长队前行。

等同伴们都吃饱了，那些小虫便开始做帐篷了。这时，它们会在自己巢的附近用一张稀疏的网做成一个小球，这个小球由几片叶子支持着。在中午太阳光最强烈的时候，小虫们便在那个球形的帐篷里面睡大觉。下午凉爽一些之后，它们就都跑出来找东西吃。

多么惊人啊——松毛虫从卵里孵化出来还不到一个小时，却已经会做许多工作了：吃针叶、排队和搭帐篷，简直是个天才！（其实是对松毛虫生存本能之强表示赞叹。）

那个帐篷是不断扩建的，一天以后就会有榛子那么大，两个星期后就能有苹果那么大了。（与常见物品类比，形象直观。）

这个帐篷不仅能解决小虫们住的问题，还能解决它们吃的问题。小虫们一边扩建帐篷，一边吃着帐篷内的针叶，这样那些柔弱的小家伙还能减少一些外出觅食的危险。当它们把支持着帐篷的针叶都吃光了以后，帐篷就会被风吹落。这时，小虫们便会选择一个新的地方，另建一个帐篷，继续在里面吃、住。它们就像游牧民族一样，过着迁徙生活，（类比手法。）有时甚至能迁徙到松树的顶端。

其实，那个球状的帐篷只不过是小虫们夏日的临时住所，并不是它们过冬的地方。到了十一月，天气变冷时，松毛虫便开始在松树的高处选择一个树叶密集的枝梢，在那里搭建冬天的帐篷。此时的松毛虫已经换了一套行装：背上长了六个红色的小圆斑，小圆斑周围环绕着红色和绯红色的刚毛，红斑中间又夹杂着金黄色的小斑，身体两边和腹部长着白色的毛。（外貌描写，抓住其主要特征，环环相扣，直观生动。）

过冬的帐篷建成以后，松毛虫便会用丝织的网将附近的叶子网罗起来，使得帐篷更加牢固。这个帐篷大概有两个拳头般大小，从上往下渐渐变小，并把支撑它的树杈囊括进来。这个卵形帐篷的中央有一圈较粗的乳白色丝带，丝带里还夹杂着一些松叶。帐篷的顶上还有一些圆形的孔，这些孔就是松毛虫们爬进爬出的洞口。

帐篷外面的松叶顶端有一张丝网，这是松毛虫们经常晒太阳的阳台。上午十点钟左右，松毛虫们就会集体外出，到阳台上晒太阳。它们在暖洋洋的阳光下慵懒地打着盹儿。到了傍晚时，它们便会醒来，集体回巢。它们一边爬行一边吐出丝线，这就使它们的巢越来越大，也越来越坚固。为了使巢牢固得足以抵挡住冬天的狂风，它们还把一些杂物掺在丝线里做进巢里。

每天晚上，松毛虫总有两个小时左右的时间在做吐丝的工作。它们早已忘记夏天了，只知道冬天快要来了，所以每一条松毛虫都抱着愉快而紧张的心情工作着，它们似乎在说："松树在寒风里摇摆着它那带霜的枝丫的时候，我们将彼此拥抱着睡在这温暖的巢里！多么幸福啊！让我们满怀希望，为将来的幸福努力工作吧！"（用拟人化手法，将松毛虫热火朝天的干劲表现得淋漓尽致。）

不错，亲爱的毛毛虫们，我们人类也和你们一样，为了求得未来的平静和舒适而孜孜不倦地劳动着。让我们怀着希望努力工作吧！你们为你们的冬眠而工作，那能使你们从幼虫变为蛾，这是生命的轮回。不管你们与我们的目的有什么不同，但我们同样是对生活充满了希望，从不轻易放弃。（直抒胸臆，表现了作者对生命的热爱和辛勤努力的肯定。）

松毛虫做完了一天的工作，就该用餐了。它们都从巢里钻出来，爬到巢下面的针叶上去用餐。它们都穿着红色的外衣，一堆堆地停在绿色的针叶上，树枝都被它们压得微微向下弯了。[多么美妙的一幅图画啊！这些食客们都静静地安详地咬着松叶，它们那宽大的黑色额头在我的灯笼下发着光。]❶它们都要吃到深夜才肯罢休，回到巢里后还要工作一会儿。当最后一批松毛虫进巢的时候，已是深夜一两点钟了。松毛虫所吃的松叶通常只有三种，如果拿其他常绿树的叶子给它们吃，即使那些叶子的香味足以引起它们的食欲，它们也是宁可饿死而不愿意尝一下的。这似乎没什么好说的，松毛虫的胃和人的胃有着相同的特点。

松毛虫们在松树上走来走去的时候，随路吐着丝，织着丝带，回去的时候它们就依照丝带所指引的路线回巢。

[有时，某条松毛虫找不到自己的丝带，便会顺着其他同伴的丝带回到了别人家的巢。不过，那个巢的主人并不会对这个不速之客表示出不友好，也不介意它留宿在自己家里，总之毫无生疏的感觉。那个陌生的客人加入了新家庭，也会很卖力地跟新的家庭成员一起建设家园。]❷

“人人为我，我为人人”是它们的信条，（点睛之笔，突出松毛虫的友爱团结。）每一条松毛虫都尽力地吐着丝，使巢增大增厚，不管那是自己的巢还是别人的巢。事实上，正是因为这样才扩大了总体上的劳动成果。如果每条松毛虫都只筑自己的巢，宁死也不愿替别人的家卖命，结果会怎样？我敢说，一定会一事无成，谁也造不了那样又大又厚的巢。小毛虫们正是因为深深明白了个体力量的弱小，它们才心甘情愿地与成百上千个伙伴一起合力工作。每一条小小的松毛虫，都尽了自己应尽的力量。

松毛虫的巢有大有小，最大的要比最小的大五六倍。为什么会有这么大的差距呢？因为每个松毛虫家庭中，其成员的数量是不断变化的。在大量繁殖的家庭中，总是不可避免地要有成员的损耗，幸存下来的往往是少数比较强壮的个体。（揭示自然界优胜劣汰的规律。）

［曾经有一个很古老的故事。话说船上有一群羊，当那只头羊被扔下大海以后，其他的羊也都自觉地跟着跳进海里。这种盲从看上去很愚蠢可笑，但是动物的这种本能都是缘于它们生存的需要。］❸

松毛虫也有诸如此类的表现，甚至比那些羊表现得更为强烈。它们在出行时，总会排成整齐的队伍，第一条毛虫往哪里爬，后面的毛虫就跟着往哪里爬。它们一条接着一条，首尾相连，中间几乎没有任何空隙。无论为首的那条是在原地打转，还是歪歪斜斜地走，后面的都会照它的样子做，无一例外。领头的那条毛虫会吐出一根很细很细的丝线，后面的毛虫也会跟着吐出同样的丝线并叠加在第一根上，从而形成一条加厚加宽的丝带。这条丝带又软又滑，它便是松毛虫们所修筑的路，真是够奢侈的。

松毛虫们为何要不计代价地修筑这样一条路呢？这是因为松毛虫往往在夜间外出觅食。

名师导读 Mingshi Daodu

❶优美的文字，朦胧的意境，像一个电影特写镜头，让松毛虫安静用餐的场景跃然纸上。（细节描写）

❷通过闯入者和房屋主人两方的态度描写，说明松毛虫是一种社会性很强的昆虫，极易融入集体生活，并具有极强的适应能力。语言风趣幽默，也是一大亮点。

❸引用大家耳熟能详的故事，增强文章的可读性和趣味性，同时为探究松毛虫的行为作好铺垫。（引用说明）

它们常常在松枝间爬来爬去，一边前行，一边啃食针叶。吃着吃着，它们便不知道自己走出家门多远了，也辨不清家的方向了。

等吃饱了，这条一路铺设的丝带便是它们通往自己家园的平坦大道。有了这样一条大道，它们便不必再爬上爬下、爬左爬右地摸索着前进了。它们可以直接排着队，很快就能顺利地原路返回家了。

也有时候，松毛虫们在白天也要排着长队远行——不是去寻找食物，只是想多看看这个世界。（说明昆虫也有好奇的天性，渴望探索世界，发现未知。）这个时候，那条丝带同样可以起到指引路线的作用。这个队伍越长，铺设的丝带也就越宽。有时离家太远了，松毛虫们不能在天黑前赶回家，就只能在外面风餐露宿。这时，所有的松毛虫会蜷成一团，紧紧地彼此依偎着。第二天，它们便会沿着那条指引道路的丝带回到自己的家。

在松叶间寻找食物时，松毛虫们也会分散到各处去。但是，一到集合的时间，松毛虫们便都循着丝线的路径从各个方向聚拢到丝带上来。所以，这条丝带并不仅仅是一条指引回家的路，还是凝聚集体中所有成员的一条纽带。（点睛之笔，耐人寻味。）

每个松毛虫队伍中，都会有一条领头的松毛虫。至于这条松毛虫为何有资格作为领头，这完全出于偶然。它既不是指定的，也不是固定的领头，今天你做，明天它做，毫无规则可言。它担当总指挥的任务也许只完成一次就够了，等到下一次队伍重新组合时，领头的松毛虫也会随之更换。尽管松毛虫队伍的领头都是临时的、随机的，可是不管哪条毛虫担当了这个职务，它都会非常尽心尽责，因为是领袖，就该拿出领袖的样子来。在前进的过程中，领头的毛虫总是在不停地探头，寻找着前进的路径，（语言俏皮，随机出现的领袖，呆头呆脑的样子，让人想想就觉得好笑。）丝毫不敢懈怠。不过，它真的是在察看地势，还是找不到引路的丝线，心里正犯嘀咕？看着它那又黑又亮的小脑袋，我实在猜不出它到底在想什么。（为下文“我”的恶作剧埋下伏笔。）

松毛虫的队伍长短不一，相差悬殊。我所看到的最长的队伍有十二码或十三码长，其中包含两百多条松毛虫，它们排成极为精致的波纹形的曲线，浩浩荡荡的。而最短的队伍一共只有两条松毛虫，但它们仍然遵从原则，一条紧跟在另一条的后面。

有一次，我决定要和松毛虫开一个玩笑，我要用它们的丝为它们铺一条路，让它们依照我所设想的路线走。既然它们只会不假思索地跟着别人走，那么如果我设计一条既没有始点也没有终点的圆形路线，它们会不会在这条路上不停地打转转呢？

一个偶然的发现帮助我实现了这个计划。在我的院子里有几个栽棕树（棕榈的通称，为常绿小乔木，是热带和亚热带树种。其树干圆柱形，树冠伞形，叶状如蒲扇，簇生于茎顶端，向四周展开，相当美观）的大花盆，盆的圆周大约有一码半。松毛虫们平时很喜欢爬到盆口的边沿，而那边沿恰好是一个现成的圆。

有一天，我在松树上取下一段松毛虫的丝带，将它沿着一个很大的花盆铺成一条环形的路。

很快，我看到一大群松毛虫向着盆沿爬过来，它们应该是到这条丝带处集合了。接着，这些松毛虫排着长队，开始沿着花盆的边缘转。我清除了一些松毛虫，以使剩下的松毛虫队伍正好能够绕花盆一圈，这样它们都是首尾相连，根本就不存在所谓的领头毛虫了。每条松毛虫都紧跟着它前面的那条松毛虫，坚定不移地前行。

好戏开演了（承上启下，制造悬念，抓住读者的眼球。）——我看到这支队伍开始在丝带的指引下，绕着花盆的边缘，一圈又一圈，机械地做起了环形运动。

[从前，有个故事中说过：有一头驴子，它被安放在两捆干草中间，结果它竟然饿死了，因为它直到饿死都没想好该先吃哪一捆。其实，现实中的驴子没有那么蠢，它会直接把两捆一起吃掉。松毛虫会不会表现得聪明一点呢？它们会一直走下去吗？]❶

我想再过上一两个小时，这支队伍中的某一条松毛虫便会突然发现它们的错误，而带领大家重新选择一条道路。可是，几个小时过去了，天都快黑了，这些松毛虫竟然不顾饥饿，也不为找不到家而焦急，仍在那里转着圈。

[天越来越晚，也越来越冷了，那些松树上的松毛虫都已经出来，开始找东西吃了。这一队松毛虫却还在转圈，虽然它们爬行的速度减慢了，可仍旧坚持不懈地绕着花盆口的边沿走着，它们一定以为马上可以到目的地，跟同伴一起共进晚餐了。它们已经走了十多个小时了，一定饿坏了。]❷ 其实，离它们两步远的地方就有一棵松树，只要它们离开那个花盆，就能大吃一顿。

第二天一大清早，我就去看那些松毛虫。它们还排着环形的队，只是那支队伍并没有继续行进，也许是因为夜里太冷了，它们不得不停下来，蜷起身子睡着了。等天气渐渐暖和些了，那些松毛虫便又行动起来，继续在那里转圈。结果，它们又转了一天。

晚上仍然很冷，那些松毛虫沿着花盆边缘分成了两个队，它们紧紧地依偎在一起，或许这样能暖和一些吧。按理说，队伍现在分开了，就应该有了两条领头的松毛虫，它们会带领这两支队伍离开这个圈子。可是，到了白天，这两支队伍在行进中又接上头了，那个封闭的圈子又恢复了原样。它们依然在那里转着圈。

接下来的夜晚更加寒冷了，这些松毛虫又挤成了一团。第二天醒来，我发现这支队伍有了变化。有不少松毛虫被挤出了丝带。这一小支部队的领头开始往花盆里面爬，其他的也跟随它。可当它们发现花盆里并没有想要的食物后，便又爬回盆沿，归入了大部队。

一天又过去了，这之后又过了一天。（运用反复手法，随着时间不断推进，反映了作者焦急的心理，松毛虫的命运堪忧。）第六天是很暖和的。我发现有几个勇敢的领袖，它们热得实在受不住了，于是用后脚站在花盆最外的边沿上，做着要向空中跳出去的姿势。最后，其中的一条决定冒一次险，它从花盆沿上溜下来，可是还没到一半，它的勇气便消失了，又回到花盆上，和同胞们共甘苦。（动作和心理描写都细腻生动，刻画了几只松毛虫跃跃欲试又半途而废的神态。）这时盆沿上的毛虫队已不再是一个完整的圆圈，而是在某处断开了。也正是因为有了一个唯一的领袖，才有了一条新的出路。到了第八天，它们终于沿着花盆的外壁爬了下来，重新找到了回家的路。

我最后粗略计算了一下，这些松毛虫大概一共走了八十四个小时，按照它们每小时爬

名师导读 Mingshi Daodu

❶ 通过引用幽默故事，来讽刺固执的人或动物的固执做法，不懂变通，同时也让人越发期待松毛虫的表现，使科普文章趣味性十足。
（引用说明）

❷ 风趣而略带讽刺的语言，拟人化的手法，在寒冷天气和其他正在享用晚餐的松毛虫的陪衬下，花盆上这一圈松毛虫呆头呆脑的样子跃然纸上，调动读者的情绪，让人感到又着急又好笑。
（场景描写）

行九厘米来计算，总行程达四百五十三米。（数字胜于雄辩，松毛虫的愚蠢和固执可见一斑。）这些小可怜虫在外面度过了这样一段饥寒交迫的日子。只有在夜晚寒冷的时候，它们才打破一点儿秩序，但白天醒来后，却又恢复原来的机械运动。

不过幸运的是，它们最终还是回到了家，没有被活活饿死，单凭这一点，我们就不得不承认它们还是有一点儿头脑的。（表现了作者对又傻又憨的松毛虫的怜爱之情。）

正月时，松毛虫会进行第二次蜕皮。这次蜕皮结束，它们背部中央的毛就会变成橙黄色，在那些橙黄色的毛中间还夹杂着一些白色的毛，看上去颜色更淡了。

同时，它们的背部还长了八条狭长的裂缝，而且这些裂缝可以自由开闭。每个裂缝里面都有一个小疙瘩，小疙瘩周围是一片非常灵敏的鼓泡。这些鼓泡很敏感，只要被稍稍一动，就会即刻缩回去，随之出现一个气孔。很快，这个气孔也会关闭。不过，过不了多久，裂缝又会打开，那个小疙瘩又出现了，若是再受刺激，它还会收缩回去，并闭合裂缝。若是刺激太强烈了，那个裂缝便不会再打开。

在松毛虫休息时，裂缝总是打开的，在行走时则是关闭的。这些裂缝和里面的小疙瘩是做什么的呢？是不是用来呼吸的呢？（接连设问，充分调动读者的积极性。）

我曾用尖状的东西轻轻碰触松毛虫打开的裂缝，里面的鼓泡立刻缩了回去，接着裂缝闭合了。我想办法刺激松毛虫使它发痒，可仍没有让它再次打开裂缝。同样地，我把一滴水滴在裂缝里的那个小疙瘩上，鼓泡也会立即缩回，并关闭裂缝。据此可以初步判定，松毛虫裂缝里的局部鼓泡是它的感觉器官，这个感觉器官与它的生活习性应该有着很大的关系。

寒冷的冬天和宁静的夜晚是松毛虫们最活跃的时候，不过若是遇上狂风大作，或者是冰冻天气，松毛虫便只好乖乖待在家里，那里应该是非常安逸温暖的，因为它们那丝织的大帐篷不会有雨水渗进去，也可以阻挡寒风。

松毛虫对于坏天气是非常惧怕的。哪怕一滴雨、一片雪都能让它们瑟瑟发抖。（运用夸张的手法，说明了松毛虫对天气的敏感程度。）所以，能否提前得知天气的状况，预料恶劣天气何时来临，这对松毛虫们来说是非常重要的。因为它们在夜里要结队到很远的地方寻食，如果遇到特别糟糕的天气，对它们来说无疑会是一场灾祸。而在冬季里，这种恶劣天气往往喜欢搞突然袭击。不过，松毛虫们自有办法预知天气，以避免危险。

有几个护林人听说我的松树上养了许多松毛虫，都想来看看松毛虫是怎样列队夜游的。晚上九点多钟，我领他们来到了我的园子，我们点上灯细细寻找，但在树枝上竟没有见到一条松毛虫。真是奇怪，前几天晚上还看到它们成群结队地出来吃针叶呢，怎么今天连个影儿都见不到了呢？是集体出游了，还是遭到了灭顶之灾？我们等到十点、十一点，一直到半夜，它们都没有出现。（疑虑重重，表现了作者的焦急和担忧。）我只得很扫兴地把那几个护林人送走了。

第二天早上，我发现外面正在下雪，而且山上还有积雪，昨晚肯定是风雪交加。我突然想，莫非那些松毛虫早就知道天气要发生变化，所以昨晚才没有从巢里出来吗？我越想便越觉得自己的这个想法很合理，于是决定仔细观察，来证实我的这个猜想。（作者勇于怀疑，敢提问，会提问，且勤于求证，这是科学探索所必须具备的精神。）

此后，我每天把松毛虫们的行动情况，比如它们何时外出，什么时候待在巢里，都详细地记录下来。并且把每天的天气状况，还有报纸上登的天气预报也都记下来。

通过一段时间的观察和记录，我发现松毛虫们的行动和天气变化有着十分密切的关系。每当报纸上预报低气压将来临时，那些松毛虫就会躲在巢里不出来。

有一天，报纸上预报有低气压将侵入我们这个地区，并且会有风暴和冰冻。这样的天气果然持续了五天，而在这几天里，那些毛虫都没有离开过巢。等风暴刚要停止，那些松毛虫便很惬意地出来觅食了。

二月份有几天，松毛虫们又突然隐居起来了，可是天空一点儿征兆都没有啊。难道又有某个强低气压要抵达这里了吗？果然不出所料，两天以后，报纸上就登了强低气压逼近的消息，接着就下起了鹅毛大雪。等低气压结束了，松毛虫们便又像往常一样出来自由活动了。

松毛虫们的巢把它们与狂风、暴雨、大雪等恶劣天气隔绝开，使那糟糕透顶的天气丝毫不能影响到它们。每当气压降低的时候，竟没有一条松毛虫到外面来冒险。

松毛虫们能够预测天气的本事，渐渐地被我们全家人承认，我们也越来越信任它们预报的准确性。我的松树林成了一个松毛虫气象台，那些松毛虫就成了我家的“气象预报员”。（拟人化手法，语言诙谐幽默，让人会心一笑。）

每当我们要出远门时，都要在头一天的晚上去看望一下这些预报员，向它们打探一下第二天的天气情况。若是它们无所顾忌地集体出来觅食，那我们第二天就可以放心地出发了；若是它们都隐居在巢里，一条也不肯出来，那我们就要放弃远行的计划了。所以，那些小虫子的举动也就决定了我们的行动。

我觉得在那些松毛虫的身上肯定有一个很灵敏的器官，这个器官能够很好地感受到大气的变化，从而让它们预知天气的好坏，以躲避严寒和风暴。这让我想起了它们身上那可以自由闭合的裂缝，以及裂缝里面的鼓泡。或许它们会经常取一些空气放在那裂缝里面，然后经过一番检验，最后测出是否有低气压来临。不过这个推测还有待更加深入和彻底的研究。（再次体现了作者严谨的科学态度。）

到了三月份，松毛虫们便要不断结队行走，陆陆续续离开它们的巢，做最后一次旅行了。这时松毛虫的体色更淡了，浑身微白，背上还有一点橙黄色的毛。

三月二十日，从早上开始，我就密切观察一队松毛虫，这个队伍大概三米长，有一百多条松毛虫。它们缓缓地往前爬着，经过了高低不平的地面后，这些松毛虫就分成了互不相干的几个队。

大概过了两个小时，一支队伍到达了一个墙角下，那里的泥土很松软，似乎很容易挖掘。这一队的首领一边走着，一边探测着泥土，看样子它是在测定泥土的性质。而跟在它后面的其他松毛虫都摆出一副绝对信任领袖的样子，只是盲目地跟着往前走。也许它们认为即使自己来做领袖，也不一定比现在这位领袖做得好，所以它们乐于全盘接受领导者的所有决定。

经过一番挑选，领头的松毛虫终于找到了一个比较合适的地方，于是它停了下来，用额头推着土，还用大颚挖掘。其他的松毛虫也解散了，它们都摆着身子，开始忙碌起来。它们用嘴巴挖着泥土，还用脚爪不停地耙。（场面描写，动作的把握精准而连贯，使得文章流畅自如。）它们是在挖掘深埋自己的洞，等洞挖好了，它们就会集体埋葬在里面。松毛虫们把自己埋葬在离地面约十厘米的地方，不过根据土质的不同，它们可能埋的深浅也不同。

松毛虫们埋在土里后便开始准备织茧。半个月以后，我挖开了埋着松毛虫的土地，在里面发现了一些小茧。那些茧外面由一个白丝袋包裹着，白丝袋的外面沾了些泥土，所以看上去比较脏。松毛虫们在三月份把自己埋在地下，等变成了长着翅膀的飞蛾以后，它们又是怎样钻出地面的呢？

到了七八月份，由于雨淋日晒，泥土变得很僵硬了，而蛾子的身体又那么柔弱，除非它有什么特殊的工具，才能从泥土里钻出来。为了更仔细地观察，我把虫茧放在玻璃试管的底部，并在上面塞满泥土，然后压紧。

八月的时候，我发现试管里的泥土开始有点湿润。松毛虫蛾在钻出茧子的时候，把自己缩成一个圆柱体，翅膀紧贴在脚前，触须弯向后方，紧贴在身体的两旁，只有它的腿可以自由活动，这种蓄势待发的姿势都是为了帮助它的身体钻出泥土。（活像一个短跑运动员，富有画面感。）

我用放大镜仔细观察松毛虫蛾的眼睛及其上方的四五个横向的黑色小鳞片，那些小鳞片一层层排列成阶梯状，摸上去有些粗糙并且坚硬。其中在它额头中部顶上的那一片鳞片最长而且最硬，就像是一个钻土的钻头（明喻手法，形象直观。）——原来这就是它最厉害的法宝。试管里的蛾子用它们的头撞撞这边，再撞撞那边，想把土层钻透。终于，它们钻出了一条隧道，从土里钻了出来。

钻出泥土的松毛虫蛾开始慢慢地张开它们的翅膀，伸展开触须，使全身的毛都蓬松开。瞧，它现在已经完全打扮好了，已经是一只漂亮成熟又自由自在的蛾子了。松毛虫蛾的前翅是灰色的，上面还嵌着几条棕色的曲线；后翅是白色的，腹部有些淡红色的绒毛。它的背部还有一些挤得很密的鳞片，这些鳞片稍微一触擦就会脱落。这种鳞片便是松毛虫蛾用来做盛卵的小圆柱体的原材料，这在本章的开头已经讲过了。（首尾呼应，完美收笔。）

名师赏析 Mingshi Shangxi

对于一个微小的生命，几乎没有人去揣测它的感受。可法布尔做到了，他赋予笔下的每个生命以灵性，它们也有自己的喜怒哀乐，有自己的喜恶，有追求，有缺陷，有专长……在这一章中，作者结合自己的大量观察实验，介绍了松毛虫极其有规律的生活，以及略显迂腐、不知变通的性格，让人感到好笑的同时，也不得不佩服它们的执着意志和团队合作精神。另外，法布尔善于从实践中得出真知，这一点让人敬佩，也值得我们学习。

● 写作借鉴

1.语言俏皮：文中多次用到风趣又略带调侃的语言和夸张的修辞手法，使动物充满灵性，带给读者轻松愉悦的阅读享受。

2.引用故事：作者为了说明松毛虫的生活习惯和习性，几次引用文学故事和神话传说，使得作品生动有趣，增添了文学色彩。

● 延伸思考

1.松毛虫具有哪些特长？

2.有机会的话，你也去仔细观察一下某种昆虫的习性吧，比如蚂蚁、蝴蝶等等。

Chapter 20 | 第二十章

卷心菜毛虫

卷心菜是我们大家都很熟悉的一种蔬菜，它的历史也很悠久，在人类所食用的蔬菜中，它应该是最为古老的种类之一了。对人类而言，卷心菜是很有价值的。不仅仅是人类，还有一种动物也与卷心菜有着非比寻常的关系。（层层剥茧，引出主角。）这就是一种最普通的大白蝴蝶的毛虫，由于它主要是靠吃卷心菜来维持生存的，所以被叫作卷心菜毛虫。

这种毛虫吃卷心菜和与卷心菜相似的植物的叶子，比如花椰菜、白菜、大头菜等。这些植物与卷心菜都属于十字花科（双子叶植物纲中五桠果亚纲白花菜目的一科。该科包括约375属，3200种植物，其中多为一年生、两年生或多年生草本，少数为灌木或乔木，其花朵均有4片花瓣，排列成十字形）。白蝴蝶的卵一般只产在十字花科植物的叶子上，但是它们并没有什么植物学的知识，怎么会分辨出哪些植物是属于这一科的呢？以前我要是想判断一种植物是不是十字花科的，便要去查一下书，现在我只要看一下这植物上面是不是有白蝴蝶留下的痕迹，便可以大致做出判断了。

白蝴蝶每年要成熟两次，四五月时一次，十月时便为第二次成熟，而这个时候，也正是卷心菜成熟的时候。所以在园丁们要收获卷心菜的季节，也正是白蝴蝶快要出来的时候了。

白蝴蝶喜欢把卵产在卷心菜叶子朝阳的一面上，有时候也产在叶子背阴的一面上。它的那些卵是黄色的，一般都聚集成一小片。大概一个星期的时间，那些卵就会变成毛虫。

毛虫出来后首先要做的就是把它们的卵壳吃掉。因为卷心菜的叶片上有蜡，十分滑，毛虫们需要吐出一些丝缠在自己身上，在菜叶上走路时才不会滑倒。（拟人手法，形象生动。）而毛虫们要做出那种细丝就需要一种特殊的材料，这材料就是它们的卵壳。

不久，小虫们就开始吃起菜叶，卷心菜便难逃厄运了。我在实验室里养了一群卷心菜毛虫的幼虫，不到两个小时的工夫，那些小东西就把一大堆卷心菜的叶子吃光了，只剩下了叶子中央的粗大叶脉，可见它们的胃口有多好。这些贪吃的毛虫只知道闷着头啃吃菜叶，偶尔会伸伸胳膊挪挪腿休息一下。有时候，几条卷心菜毛虫并排在一起进食，它们会一起把头抬起来，然后又一起把头低下去，就好像是听了统一的口令似的，那样子非常滑稽可笑。（将卷心菜毛虫贪吃的场面刻画得淋漓尽致，喜感十足。）不知道它们的这种动作到底意味着什么。是在训练作战能力呢，还是在显示它们在温暖的阳光下吃食物的快乐呢？总之，在这些幼虫变成胖虫子之前，它们就只有这么一种训练项目。

这样争分夺秒地吃了一个月，那些小虫子终于开始转向别的工作了。它们朝各个方向爬去，一面爬，还一面仰起前身，好像在向空中探索着什么。

天气越来越冷了，我将一群卷心菜毛虫放入温暖的花房。有一天一大早，我去看它们时，却找不到它们了。花房的门平时都是开着的，难不成它们集体逃跑了？于是，我到花房外面寻找，最终在花房附近的一处墙角下发现了它们。它们都栖息在屋檐下的墙角里，大概是想把那里当成它们过冬的居所吧。现在，这些卷心菜毛虫看起来非常壮实，也很健康，它们应该是可以抵御严寒的。

就在这个墙角里，卷心菜毛虫们织起茧子来了，它们一个个都变成了蛹。到了第二年的春天，一大群蛾便从茧里飞了出来。

卷心菜毛虫可以大量繁殖，如果任其发展的话，那我们很快便没有卷心菜吃了。不过，事情并不像我们所想象的那样悲惨，因为卷心菜毛虫也有天敌。（起承转合，引出下文。）它们的天敌长得非常细小，总是喜欢埋头苦干，默默无闻，所以连许多菜农都不认识它们。即使有人看到它们在菜园里徘徊，也不会去留心观察它们，更不会想到原来这些微不足道的小东西竟对保护卷心菜做出了如此大的贡献。

正是因为这些小东西长得很细小，所以，科学家们称它们为“小侏儒”，那我们也就这样称呼它们吧，因为我也想不出什么更好听的名字来称呼它们。“小侏儒”们是怎样工作的呢？原来，当卷心菜毛虫在菜叶上产下橘黄色的卵以后，“小侏儒”们便会立刻围过去，把自己的卵产在卷心菜毛虫的卵膜表面。通常情况下，会有好几只“小侏儒”把卵产在同一条卷心菜毛虫的卵里面。一条毛虫的卵大概要比一只“小侏儒”的卵大六十五倍。

当这个卷心菜毛虫的卵孵化后，小毛虫并没有感觉到身体的痛苦，它还是照常去吃菜叶，照常去四处寻找作茧的场所。但是，渐渐地，那条卷心菜毛虫就会变得精神萎靡，行动起来非常无力，并一点点消瘦下去，最终走向了死亡。原来，它早逝的命运早就已经被注定了，因为就在它还是卵的时候，那一大群“小侏儒”就进入了它的身体。随着它慢慢长大，“小侏儒”们不断地吸它身体里的血，直到“小侏儒”们要从毛虫的体内出来时，这条毛虫的生命就走到了尽头。“小侏儒”们从卷心菜毛虫的身体里出来后，就开始作茧。（揭示真相，顺承上文。）

春天的时候，在菜园里的墙上或者篱笆脚下的枯草上，我们可以看见许多黄色的小茧子，聚集成一堆一堆的，每一堆都有榛子仁般大小。那些茧便是“小侏儒”们的茧。在小茧子的旁边，往往会有一条卷心菜毛虫，当然那条毛虫是死的，而且其尸体已经残缺不全。这条毛虫的残体就是“小侏儒”们吃剩下的，“小侏儒”们吃了毛虫之后才能慢慢长大。最后，那些小茧会变成蛾，破茧而出。（表现了作者对卷心菜毛虫的同情与怜悯。）

名师赏析 Mingshi Shangxi

在自然界中，有一条条神奇的生物链，一环紧扣一环，维持着生态平衡。作者笔下的卷心菜毛虫和斑纹蜂一样可怜，很多幼虫被天敌扼杀在摇篮里，但也正因为有了天敌的制约，才不至于繁殖过快，危害庄稼——作者对卷心菜毛虫心怀怜悯，表达了一种人文精神。

好词好句

非比寻常　难逃厄运　精神萎靡　残缺不全

这些贪吃的毛虫只知道闷着头啃吃菜叶，偶尔会伸伸胳膊挪挪腿休息一下。

延伸思考

1.你知道卷心菜毛虫的成虫以什么为食吗？

2.根据文中的叙述，把所涉及的食物链关系写出来吧。

Chapter 21 | 第二十一章

大孔雀蝶

[大孔雀蝶是欧洲最大的蝴蝶，它美丽非凡，全身披着红棕色的天鹅绒外衣，脖子上还系着一个领结。它的翅膀上点缀着灰色和褐色的小斑点，一条浅白色锯齿形的线横贯中间；翅膀边缘有一圈灰白色；翅膀中央有一个圆圆的斑点，好像一只大眼睛，这只“大眼睛”还有黑得发亮的瞳孔和一些色彩丰富的弧形眼帘，那些弧形线条有白色、栗色和紫色等色彩，在阳光的照耀下真是变化万千。]①

大孔雀蝶如此美丽，那么大孔雀蝶毛虫又如何呢？（循循善诱，过渡自然。）大孔雀蝶毛虫全身略微发黄，也同样有着美丽的外表。它的体节末端看起来像是镶嵌着一个个蓝色的珠子，这与它的体色十分相称，非常漂亮。它的茧多呈褐色，有点粗大，看上去就像渔夫的鱼篓。（比喻形象贴切。）这种形状奇怪的茧常常出现在杏树的树皮上，而大孔雀蝶毛虫就是以杏树的叶子为食的。

五月六日的早上，我目睹了一只大孔雀蝶从茧里钻出来的情景。在我的实验室的桌子上，有一只雌大孔雀蝶脱去了束缚它的外衣，以美丽的姿态展现在我的眼前。我马上用一个金属丝网做的钟罩将它罩了起来，想细细地欣赏一番。到了晚上九点的时候，我正准备睡觉，突然听到隔壁房间里一阵乱哄哄的声响。[我的儿子小保尔连衣服都没有穿

好，就在屋子里不停地跑来跑去。他一边跑一边大声地喊着："快来呀！快来看呀！房间里满是像鸟一样大的蝴蝶！"］❷

我赶忙从床上爬起来，跑过去看。小保尔说得一点儿也不错，房间里确实飞满了大孔雀蝶，已经有四只被保尔捉进了麻雀笼子里，剩下的那些还拍打着翅膀在天花板下飞舞。

我看到眼前这一切，不禁想起了那只被我罩起来的大孔雀蝶。于是，我们一起去实验室看望那只被监禁的蝴蝶。

我和保尔正往实验室走时，正巧看到保姆在厨房里用她的大围裙驱赶大蝴蝶，她一开始还以为这些大蝴蝶是蝙蝠呢。（从侧面反映了大孔雀蝶体形之大。）看来，大孔雀蝶已经把我的房子占满了。像这样一大群蝴蝶侵入我的居室的情形，以前还从来没有发生过。幸好实验室的窗户有一扇是开着的，它们来去的道路畅通。

不一会儿，我和保尔点着蜡烛走进了实验室。当时，实验室的一扇窗户是开着的。刚一进去，我们就看到了一种令人难忘的景象：一大群大孔雀蝶围绕着那个大钟罩飞来飞去。［它们一会儿飞上天花板，一会儿又俯冲下来；一会儿飞出去，一会儿又飞回来。］❸ 它们向我们扑

名师导读 Mingshi Daodu

❶外貌描写，从绒毛的颜色、身上图案的颜色和图案的形状几个方面勾勒出大孔雀蝶的形象，像一个细致生动的特写镜头。
（外貌描写）

❷感叹句能表现人物内心的情感和感受。此处的感叹句充分表现了小保尔的惊喜和惊讶之情。
（感叹句式）

❸巧用排比句式，叙述有条理，且富有节奏感。表现了大孔雀蝶求偶的急切心情。
（排比句式）

来，翅膀扑扇着，把蜡烛都扑灭了。

整个实验室简直就成了一个可怕的洞穴，里面盘旋着一些怪物。（气氛描写，充分表现了大孔雀蝶的疯狂程度。）它们扑打着我的肩膀，钩住我的衣服，还擦蹭着我的脸。小保尔有些害怕，他紧紧地抓着我的手，好让自己镇定一些。

我大致数了数，在这间实验室里的孔雀蝶将近有二十只，再加上其他房间里的，一共有四十多只。今晚可真是大孔雀蝶们的盛会！

这些大孔雀蝶都是为了钟罩里的那只雌大孔雀蝶而来，它们是来向这位“妙龄少女”表达殷殷的爱意的。我不知道它们是怎样得到消息的，竟都急急忙忙地赶来看望这位美丽的“姑娘”。

看到这种情形，起码在今天我不想再打扰这群求婚者了。刚才，已经有一些冒冒失失冲撞上来的蝴蝶被烛火烧伤了翅膀。明天，我准备好做实验的东西，再来研究吧。

在接下来的七八天时间里，每天晚上，那些大孔雀蝶都会如期而至，来到这位被囚禁的蝴蝶身边。这时正是多雨的季节，风雨雷电经常发生，天空中乌云翻滚，伸手不见五指。在这样恶劣的天气里，就连那些凶狠强壮的猫头鹰都不会轻易离开它们的巢穴。这些大孔雀蝶却不顾恶劣天气的威胁，毅然克服重重困难来与这只雌孔雀蝶相会。（通过交代恶劣的天气背景，说明一般的动物不会轻易出来，来凸显大孔雀蝶的热情和不畏艰险。）这个黑夜对它们来说，如同白天一般。

我的实验室被许多大树遮蔽着，屋前长着高大挺拔的法国梧桐，路边还长满了丁香和蔷薇，那些松树、杉树和柏树把整座房子包围得严严实实，（环境描写，与前面的天气描写相结合，凸显大孔雀蝶的执着。）而这些大孔雀蝶竟然能在黑暗中迂回前进，历尽艰辛来到目的地。大孔雀蝶们的这种无畏与执着实在是让人佩服。而它们在这风雨之夜曲折前进，竟然没有一点点被擦伤的痕迹，这也不得不令人称奇。

难道大孔雀蝶具有普通视网膜所不能及的某种视力吗？即使是这样，这种超乎寻常的视力也不可能成为它们隔着一段距离就能获得消息并飞来的原因。遥远的距离和中间的种种阻隔使大孔雀蝶根本不可能看到工作室中的雌蝴蝶。

不过，有些大孔雀蝶也会弄错方向，但不会离它们想要到达的地方太远，只是没有找到吸引它们前去的事物的确切位置而已。也许是实验室附近厨房的灯光太过明亮，足以让它们偏离了目标。但黑暗的地方同样有迷路的蝴蝶，如果大孔雀蝶是靠光线的辐射接收信息的，这就不好解释了。我想，一定是有什么其他东西在远处向它们发出信号，引导它们来到确切的地点附近，然后它们再通过模糊的寻找做出最后的发现。这跟我们的听觉或嗅觉传递给我们信息的方式是一样的，当我们需要精确地找到声源或味源时，听觉和味觉只能给我们指引出大致的方向。

那么，处于发情期的大孔雀蝶如何在黑夜里长途跋涉？它们靠的感知器官究竟是什么呢？

原来，大孔雀蝶有一种特殊的光学器械，这使它具有一种异乎寻常的视觉，从而能够感受到普通视网膜所观察不到的光线。这个光学器械呈多小面体，比夜鹰的大眼睛装备更加精良。所以，即使在黑夜，大孔雀蝶也能够一往直前，顺利跨过重重障碍。对它们来说，黑暗与光明并没有太大的差别。

不过，大孔雀蝶也有出错的时候。一般来说，灯光对于夜间活动的昆虫无疑是一种诱惑，它们会以此来确定方向。可是，大孔雀蝶正好相反，当我拿着灯走进实验室时，那些刚刚到来的大孔雀蝶却因为那盏灯的光亮而迷失了方向，结果漫无目的地乱飞乱撞起来。（运用对比手法来提出自己的疑惑，推进实验进程。）

大孔雀蝶短暂的一生只有一件最为重要也最为迫切的事情，那就是寻找配偶。它们不管路途多么遥远，也不在乎途中有多少障碍，都要找到自己的配偶。它们有两三个晚上，每晚都要花上几个小时去寻找配偶。

如果说其他蝴蝶是快乐的美食家，成群结队地在花丛间飞来飞去，吸食着不同口味的蜂蜜的话，大孔雀蝶就是个彻彻底底的绝食主义者——它完全顾不上吃一口东西，这样一来，它们的寿命又怎能长得了呢？它只能活两三天，而这一辈子的时光都拿来寻找配偶、繁衍后代了。（运用对比手法，将蝴蝶拟人化，表现了大孔雀蝶生命的短暂和对爱情的执着追求。）

大孔雀蝶是如何得到配偶的信息的呢？是不是通过它们的触角来获取信息？我发现，雄大孔雀蝶身上有很宽的触角，那似乎可以作为探测器使用。就在发现大孔雀蝶们入侵我的居所的第二天，我在实验室里看到，有八只大孔雀蝶在窗户的横档上停留下来，安安静静地待在那里，这正是我做实验所需要的。于是，我用小剪刀把它们的大触角齐根剪掉。在这个过程中，那几只大孔雀蝶并没有表现出任何不安或痛苦，它们仍旧一动不动地趴在窗户的横档上，并且一直在那里安静地趴了一天，这对我的实验计划很有利。

接下来，为了保证实验的真实性，我必须把关在钟形罩里的雌蝴蝶换个位置，不能再让它处在这几只被剪去触角的雄蝴蝶的眼皮底下了。我把大罩子连同雌蝴蝶搬到了门廊的地上，那儿距离实验室有五十米远。

天黑的时候，我又去看那几只大孔雀蝶，结果发现已经有六只飞走了，而剩下的两只有气无力地躺在地板上，已经奄奄一息。如果我把它们的身体翻过来，它们肯定没有力气再翻回去了。可别怪我手术做得不好，（和读者面对面交流，增加亲切感。）即使我不剪掉它们的触角，它们也会因迅速衰老而很快结束生命。

那六只飞走的大孔雀蝶去哪儿了呢？它们还能找到那只雌蝶吗？我把那个钟形罩放在露天地里，那个地方很黑。天黑后，我提着灯，拿着网子去了钟罩那里，想把围着大钟罩飞的那些大孔雀蝶用网子捉住，然后把它们关进隔壁的一个房间。这样，我就可以准确地计算出有多少只大孔雀蝶来访了。十点多钟的时候，我结束了捕捉，数了数那些被关进房间的大孔雀蝶，一共有二十五只雄蝶，其中一只是被剪掉触角的。这个实验并不能肯定触角是引导大孔雀蝶找到配偶的器官。我必须再进行一次更大规模的实验。

第二天早上，我去探访那些昨晚被我捉住的囚犯，发现情况并不乐观。有好多蝴蝶都掉在了地上，毫无生气。我知道，不能对这些瘫痪的蝴蝶抱太大的希望。不过，我还得试一试，我对这新捉住的二十四只大孔雀蝶也实施了同样的手术，把它们的触角都剪掉了。原先那只被剪掉触角的大孔雀蝶已经濒临死亡了。

在剩下的时间里，我把房间的门打开，任由这些蝴蝶进出，看它们谁有能力飞出去再飞回来参加晚上的舞会。（拟人手法，寄予了作者的殷切希望。）并且我又把钟形罩挪到了一个新的地方。这个地方就在关大孔雀蝶的那个房间的对面，应该很容易找到。结果，这些被囚禁的大孔雀蝶中只有十六只飞了出来，其余的几只已经十分衰弱，不久就死了。而飞出去的十六只大孔雀蝶竟没有一只找到钟形罩。

那天晚上，我在钟形罩旁边只捉到了七只大孔雀蝶，它们全部是新

来的，带着漂亮的羽翼。这似乎说明，被剪去触角是一件很严重的事。那么，被切除触角，是不是它们找不到雌蝴蝶的原因呢？[我还不能下结论，因为还存在一个非常重要的疑点。][1] 我们必须得考虑一下：（和读者面对面交流，启发读者的思维。）当大孔雀蝶失去了美丽的羽饰，它们还有勇气去寻找那美丽的新娘吗？它们没有来，究竟是因为自惭形秽，还是因为失去了导向的器官呢，或是因为它们等得太久，失去了当初的热情？

到了第四天晚上，我又捉了十四只大孔雀蝶，把它们关在了房间里，让它们在那里过了一夜。第二天天亮时，我就趁它们待着不动时，把它们前胸的毛拔掉一些，以作标记。这一次，我也没有发现哪一只蝴蝶身体衰弱，飞不起来。

到了夜里，这十四只大孔雀蝶开始活动了。我又跑到放钟形罩的地方，结果这一夜捕捉到了二十只大孔雀蝶，其中有两只是被拔过毛的，仍然没有一只被剪掉触角的大孔雀蝶出现。

十四只被拔过绒毛的蝴蝶只飞回来两只，另外十二只仍拥有羽饰一般的触角，为什么没有飞回来呢？还有，为什么被关了一晚上后，总会有许多蝴蝶变得虚弱无力了呢？我现在想得出一个答案：大孔雀蝶是被强烈的寻偶欲望折磨得筋疲力尽的。

[大孔雀蝶生存的唯一目标就是结婚。它们有着非凡的天赋，可以长途跋涉、穿越黑暗、排除万难去寻找自己的心上人。它有两三个晚上的时间来找寻爱人，但如果它没能抓住机遇，那么一切都完了，它身上所具备的精确的指南针或导航灯都失去了作用。活着也失去了意义，它只有退到一个角落，从此长眠不醒。][2]

大孔雀蝶是为了繁衍后代才出现的。它们从不进食，口腔对它们来说只是一个简单的摆设。因为放弃了食物，所以大孔雀蝶也放弃了长寿。那些被剪去触角的蝴蝶为什么没有飞回来？是因为它们失去了触角就无法找到钟形罩内等待它们的雌蝴蝶了吗？不是的。它们没能回来是意味着生命走到了尽头。不管它们的身体受到什么伤害，都因为寿命的关系而不再有用。所以，它们的缺席不能说明任何有价值的问题。（雄性大孔雀蝶生命短暂，大大增加了实验难度。）

被我罩在钟形罩里的雌大孔雀蝶活了八天，它在里面静静地待着，为我引来了很多雄大孔雀蝶。我每天用网把这些雄蝶捉住，并把它们囚禁在房间里，为它们做一些小小的手术，观察它们的变化。

因为老杏树才是大孔雀蝶们赖以生存的家园，而在我们这个地方老杏树并不多，所以这么多的大孔雀蝶奔向这里真算是一个奇迹了。

现在，我们来对所观察到的一切作一下分析和总结。大孔雀蝶大概是从三个方面获取远处的信息的，即视觉、听觉和嗅觉。但是，它们不可能有神话中的［猞猁］❸那样能够穿透厚墙看清东西的眼睛，也不可能看到几千米外的事物，所以，引导它们找到配偶的自然不会是视觉。

名师导读 Mingshi Daodu

❶作者不厌其烦地进行实验和推断，在找到充分的证据之前绝不轻易下结论，表现了他锲而不舍的科学研究精神。

❷作者多次提到雄大孔雀蝶的生命短暂，它们穷其一生，都在寻找自己的伴侣，通过反复来说明其对爱情的执着，让人感动。（反复手法）

❸又名猞猁狲、马猞猁，属于猫科，体形似猫而比猫大很多，生活在森林灌丛地带、密林及山岩上。喜独居，长于攀爬及游泳，耐饥性强，不畏严寒，善于捕杀狍子等中大型兽类。

声音似乎与获取信息也没有什么关系。雌大孔雀蝶虽然也可以召唤异性，但是它发出的声音非常微弱，怎么能让身处几千米之外的异性听到它的召唤呢？所以，大孔雀蝶还是无法靠听觉准确地找到自己的配偶。剩下的就是嗅觉了。

那些不怕艰难险阻急急忙忙赶来的大孔雀蝶难道是受了气味的驱使吗？我事先在将要招来雄性大孔雀蝶的屋子里撒了些樟脑，并在钟形罩下面放了一个大圆底的器皿，里面盛满了樟脑。我的这一设计并没有奏效，雄大孔雀蝶们像平时一样如约而至，好像并没有受到刺激性气味的影响，仍然毫无顾忌地飞向钟形罩。看来，嗅觉也不是引导它们前来的原因。

每天晚上，成群结队的大孔雀蝶飞到钟形罩周围，而罩里面的那只胖胖的雌蝶只是紧紧抓住钟形罩的金丝网，一动不动地待在那里，好像对外面乱哄哄的世界漠不关心。但是，它又好像是在期待着什么。（用人的心理去揣测蝴蝶的想法，充满了对生命的关爱之情。）

有时候，几只雄大孔雀蝶一起扑向钟形罩的圆顶，在上面盘旋着。虽然这几只大蝶是情敌，但并没看见它们争风吃醋、互相拼杀。每一只雄蝶都竭力想钻进那钟形的网罩，但是经过种种尝试，它们发现所做的一切都是徒劳，根本就不能与罩里的新娘亲密接触，最后只得悻悻地离开了。

我每天晚上都把钟形罩换一个位置，可是这样做并没有使那些雄蝶晕头转向，它们仍然能找到那个被囚禁的新娘所在的位置。每次我都要到钟形罩前一天晚上所在的位置去看一看，可是那个地方竟没有一只雄蝶出现。由此看来，它们并不是凭着记忆来旧地勘探一番，发现钟形罩不见了才转而飞向新的地方的，应该有一个比记忆更可靠的向导指引它们找到钟形罩的位置。

我们人类利用电磁波可以发无线电报，这是一个很伟大的发明，难道大孔雀蝶先于我们掌握了这项技术吗？我觉得这很有可能。昆虫的世界总是奇妙无穷的。（为了揭开谜底，作者展开了丰富的联想。而丰富的想象力和大胆的猜测，都是进行观察研究的基础。）

我又做了一项实验，把雌蝶分别放在白铁、木头和硬纸做的盒子里，然后把盒子封严。钟形罩里也放有一只雌蝶，只不过罩子外面又加了绝缘的玻璃罩。到了晚上，竟没有一只雄蝶飞来。于是，我把那些盒子微微打开一点儿缝，结果雄蝶们又成群结队地赶来，用翅膀拍打着盒子和钟形罩，向里面的雌蝶求爱。

这样看来，还是无法证明大孔雀蝶们是通过无线电报进行信息传递的。因为，只要存在一道屏障，无论它的传导性能好不好，都会阻断雌蝴蝶发出的信号。要想使信号传递出去，就必须使关押雌蝴蝶的容器不完全封闭，容器内外的空气必须可以相互流通。可是这样的话，问题又回到了气味的可能性上，然而这一可能性又已在前面的樟脑实验中被否定过了。

我做了这么多实验，可是还没有弄明白其中的缘由。（表达了失望和遗憾之情。）于是，我想跟踪观察大孔雀蝶的婚礼。但它们的婚礼是在夜间进行的，我必须借着烛光才能看到它们。而烛火总是会被那些盘旋飞舞的大孔雀蝶扑灭，即使烛火没有被扑灭，也会把大孔雀蝶身上的绒毛烧坏，这样一来，它们因烧伤而变得惊慌失措，也就无法提供可靠的证据了。即使它们没有被烧到，它们也会停留在火光边，一动不动，就像着了魔一样。所以，我只好放弃了对大孔雀蝶婚礼的观察。

名师赏析 Mingshi Shangxi

这篇故事的主人公是美丽的大孔雀蝶，它们的生命虽然短暂，却很努力，活得很精彩。而法布尔为了研究这种美丽的昆虫，不惜耗费大量时间，坚持观察，并做了大量实验，虽然结果并不如人意，但他始终没有放弃希望，这种精神鼓舞我们要勇于探索，不怕失败。

●好词好句

变化万千　如期而至　严严实实　迂回前进　超乎寻常

有气无力　自惭形秽　排除万难　虚弱无力　惊慌失措

它美丽非凡，全身披着红棕色的天鹅绒外衣，脖子上还系着一个领结。

那只胖胖的雌蝶只是紧紧抓住钟形罩的金丝网，一动不动地待在那里，好像对外面乱哄哄的世界漠不关心。但是，它又好像是在期待着什么。

●延伸思考

1.你知道全世界一共有多少种蝴蝶吗？了解一下关于蝴蝶的知识吧。

2.为什么大孔雀蝶的寿命很短？

Chapter 22 | 第二十二章

小条纹蝶

放弃了对大孔雀蝶的观察之后，我便想观察一种与大孔雀蝶生活习性不同的蝴蝶，它的婚礼应该在白天举行，只要它在婚礼上足够灵活敏捷就行。

有一天，一个卖菜的小男孩送给我一个非常漂亮的茧子。（插叙手法，交代小条纹蝶的来龙去脉。）那茧子呈浅黄褐色，是钝圆形的，看上去很坚固。我初步判断这是橡树蛾的茧，如果真是这样的话，那对我而言便是个意外的收获了。

其实，橡树蛾还有一个名字，那就是小条纹蝶，这个名字来自于雄蝴蝶的外衣：浅红色的大衣看起来就像僧侣的长袍；大衣上有横向的条纹，前面的两瓣翅膀上还长着像眼睛一样的小白点。（外貌描写，巧用比喻，形象直观。）雄性比雌性小一些，颜色也更鲜艳。

小条纹蝶在我住的这一带并不常见。如果你一时心血来潮，带上网兜去捕捉这种蝴蝶，真不一定能捉到它。我在这里生活了二十多年，也从来不曾在村庄周围，特别是我的花园里看见过它。我也曾经发动所有的朋友和邻居，让他们帮我找这种茧，我自己也时常在枯叶堆里、乱石丛中搜寻，可是都没有找到这种珍贵的茧子。（越来之不易，越显得珍贵。）

三月末的一个清晨，那个漂亮的茧子里果然孵出了一只小条纹蝶。[这只蝴蝶美丽极了：褐色的绒毛呈现波纹状，翅膀尖上有胭脂红的斑点，还有四个圆斑，就像同心的月牙一样美。这种体形和服饰如此之美的蝴蝶，我一生总共才见过三四次。]❶

我把它关进了钟形的金属网罩中。[实验室有两扇朝向花园的窗户，一扇关着，另一扇则不分昼夜地开着。两扇窗相距四五米，阳光正好从窗口照射进来，小条纹蝶就置于两个窗口之间，处于半明半暗之中。]❷

小条纹蝶孵出后的这一天以及第二天，没有发生什么值得记述的事。它只是用前爪紧紧地抓着网罩，静止不动，就跟那只被囚禁的大孔雀蝶一样。翅膀没有丝毫的摆动，触角也没有抖动一下。

小条纹蝶渐渐成熟起来，肌肉也显得结实了许多。它似乎是在孕育一种诱饵，而这种诱饵可以将四面八方的求爱者吸引过来。第三天，这只小条纹蝶开始活动了。它似乎已经做好了出嫁的准备，它那隆重的婚礼就要揭开序幕了。（心理描写，语言风趣。）下午三点多钟的时候，我正在花园里漫步，突然看到一群蝴蝶在那扇开着的窗口前盘旋。我赶忙跑进实

名师导读 Mingshi Daodu

❶为了表现条纹蝶之美，先是用优美的语言和恰当的比喻描述了其外貌特征，然后现身说法，“我”一生阅虫无数，而这只是最漂亮的三四只之一，可见这只蝴蝶之风华绝代。（外貌描写）

❷用白描手法描述了实验室的场景，语言简洁凝练，数字精确，足见作者为研究所做的准备之充分。（白描手法）

❸通过一系列动作描写，表现了雄性小条纹蝶急切的心理和激动的心情。（动作描写）

验室，又看到了像大孔雀蝶来袭时一样令人眼花缭乱的景象。

一群雄性小条纹蝶在实验室里混乱地飞舞着。我估算，它们有六十多只。[它们有的围着钟形罩转几圈，飞出窗外，不过很快又飞回来。性子急躁的则停留在罩子上，用脚爪相互骚扰推搡，希望自己能占一个好的位置。]❸而被囚禁在罩子里的那只蝴蝶，无动于衷地望着外面发生的一切，似乎那些争吵和喧闹跟它都毫无关系。

眼看太阳就要落山了，很多雄蝶也飞走了。剩下的那些就像前些日子的大孔雀蝶一样，停在窗户的横档上，它们是想找一个地方停留下来，好为第二天的狂欢养精蓄锐。

然而，令我困窘的是，舞会没有在第二天晚上顺利举行，这是因为我的过错。当天晚上，我顺手把别人送我的一只非常瘦小的螳螂放进了关小条纹蝶的那个钟形网罩里。没想到，这个小举动却给小条纹蝶带来了意想不到的灾难。（预设伏笔，引出下文。）

第二天，我发现那只小螳螂正在吞食罩子里那只肥大的蝴蝶，蝴蝶的头和胸部以上的部分已经没有踪影了。为此，我感到万分的惊讶和痛苦，但是已经无法挽回了，我不得已中止了对小条纹蝶的观察和研究。

这个刚刚开始便又迅速夭折的实验让我有了一点儿微薄的收获。在这样一个小条纹蝶极为罕见的地区，仅仅因为有一只雌蝶的引诱，就有那么多只雄蝴蝶来赶赴这个婚礼，这不得不让我思考，它们是从哪里来的？毫无疑问，它们是从遥远的地方来的，至于它们是从多远的地方来的，那我就不敢说了。

又过了三年，我还是幸运地得到了两个小条纹蝶的茧子。八月中旬，茧里相继孵出了两只雌性小条纹蝶。于是，我可以用它们来重复和变换在大孔雀蝶身上的实验了。小条纹蝶跟那些大孔雀蝶一样聪明灵巧，它们能识破我的种种计谋。无论我把钟形罩放在哪个位置，它们都能够找到，并直接飞向被关在里面的雌蝴蝶。我把雌蝴蝶放在各种盒子里，只要是盒子没有被封严，那些雄蝴蝶就能毫不费劲地找到雌蝴蝶。不过，如果把盒子盖得非常严实，并放在显而易见的地方，也没有一只雄蝴蝶飞向它。这种结果，让我那关于气味的疑问又重新萌发了。（柳暗花明，又找到了一条有效的线索。）

我曾经对大孔雀蝶做过实验，我原以为樟脑的气味很浓烈，可以掩盖住雌蝴蝶的气味，现在我要在小条纹蝶身上再做一次气味实验。这次，我把药箱里所有能够散发香味或臭味的东西，统统拿了出来，并把这些东西分放在十几只小碟子里面。我把一部分小碟子放在关押雌蝴蝶的钟形网罩里，另一部分放在钟形网罩周围。小碟子里面盛有樟脑、薰衣草精油（产自芳香植物，具有香气）、石油，还有一些散发出臭鸡蛋气味的硫化物。

我一大早就把这些东西布置好了，这样在那些雄蝴蝶赶来之前，这些气味便可以充分弥散开了。

下午的时候，我的实验室里洋溢着各种气味，既有沁人心脾的芳香，也有令人作呕的恶臭。（综合的气味描写，为了测试条纹蝶的嗅觉，作者真是煞费苦心。）这些纷繁的气味混合在一起，能不能让那些雄性小条纹蝶迷失方向呢？很快，实验结果出来了，证实上面那个问题的答案是否定的。雄蝴蝶们依然蜂拥而至，飞向被囚禁的雌蝴蝶。这个实验失败后，照理说我应该放弃气味指引雄蝴蝶找到配偶的猜想，可是一次偶然的发现，让我更加坚定了原来的猜想。

一天下午，我本来想知道雄蝴蝶是不是受视觉的指导才找到雌蝴蝶的，于是我把雌蝴蝶放进一个透明玻璃罩里。然后，我把玻璃罩放在桌上，它的位置正对着打开的窗户。这样一来，当雄蝴蝶飞进屋时，肯定能看到那个玻璃罩中的雌蝴蝶。

前一天晚上和当天上午，那只雌蝴蝶一直待在钟形网罩里的一个铺满细沙的瓦罐中，现在我觉得那个钟形网罩和瓦罐有些碍事，就随手将它们放在了房间的一个半明半暗的角落里，那里离窗户有十几步远。（一条重要的线索，为下文作好铺垫。）

这一切准备工作做好后，我就静静地等待那些雄蝴蝶。可是，事情的发展跟我想象的完全不一样——来访的雄蝴蝶竟然没有一只停留在玻璃罩前，它们对玻璃罩里的那只雌蝴蝶竟视而不见，连瞧都不瞧它一眼。

这些雄蝴蝶全都飞到了房间的另一端，飞到那个放钟形网罩和瓦罐的昏暗角落里。它们在钟形网罩的顶上拍打着翅膀，不停地探寻着。整个下午，那些雄蝴蝶一直在钟形网罩周围喧闹不已，就好像雌蝴蝶真的在里面似的。这个结果让我产生了新的思考。前一天晚上和当天上午，雌蝴蝶一直都待在钟形网罩里，时而趴在纱网上，时而又伏在瓦罐的沙土上。它所接触过的东西，特别是它那大肚子碰过的东西上，一定是渗透了某种特殊的气味，这气味在沙土里能够保持一段时间，并散发到周围。而那些雄蝴蝶正是受了这种气味的引诱才到达这里的。所以，是嗅觉在指引小条纹蝶。（真相大白，豁然开朗。）

虽然玻璃罩被放在十分显眼的位置，但是罩子内外的空气是不流通的，所以，雄蝴蝶嗅不到气味，也就不会前来。然而，当我把玻璃罩稍稍垫高，让它和玻璃板之间留有一点点缝隙时，雄蝴蝶们一开始仍不会马上飞来。不过等上半个小时，那些雄蝴蝶便好像收到了什么指令，纷纷飞向了玻璃罩。这个发现让我非常兴奋，于是接下来我又进行了一些实验。早上，我把雌蝴蝶关进钟形网罩里，让它栖息在一段带枯叶的橡树枝上。很长时间以后，树枝上的那堆枯叶已经沾染了雌蝴蝶的气味。当那些雄蝴蝶快要到来时，我把橡树枝拿出来放在离窗口不远的一把椅子上，让雌蝴蝶继续关在钟形网罩里面。

雄蝴蝶们来了，它们进进出出，上上下下，始终在窗口附近飞舞，（连用四字词语和动词，简洁有力地描绘出蝴蝶忙忙碌碌的身影。）都向放橡树枝的那把椅子靠近，竟没有一只飞向放钟形网罩的大桌子。

雄蝴蝶们在橡树枝周围不停地扑腾着翅膀，坚定不移地搜寻、探索，并抬起、移动那段树枝，最后竟把树枝弄到了地上。（动作描写细腻传神，历历在目。）就在这时，又有两位新的访客到来了，它们径直飞向了刚才放树枝的那把椅子，并在上面急切地寻找着。又到了夕阳西下的时候，那些来访者纷纷离开了，也再没有新的访客飞来。

接下来，我又用不同的材料来代替橡树枝，为雌蝴蝶做了呢子、法兰绒、棉絮、纸、木头、玻璃、大理石和金属等各种材料的床。（求证，再求证，一丝不苟。）我让雌蝴蝶在这些床上待一段时间之后，它们对雄蝴蝶的吸引力都不会亚于雌蝴蝶本身。只不过是因材料的质地不同，其保持吸引力的时间有长有短而已。

经过这些实验，我的假设终于得到了确认！（作者的欣喜之情溢于言表。）为了吸引周围的雄蝴蝶来参加婚礼，正值婚龄的雌蝴蝶会散发出一种气味。这种气味极其细微，人类根本闻不到，却可以传递给远距离之外的雄蝴蝶。并且，曾有雌蝴蝶栖息过一段时间的物体也会沾染上这种气味，只要这种气味没有挥发殆尽，那么沾染这种气味的物体就会像雌蝴蝶本身一样，对雄蝴蝶产生极强的吸引力。

几乎没有任何看得见的证据能证实这种气味诱饵的存在，但它又确实存在着。诱饵的制作需要一定的过程和时间。如果把雌蝴蝶从它的栖息物上拿开，那么它就暂时失去对雄蝶的吸引力。相反，它所栖息的物体却因沾染上了它的气味儿成为雄蝴蝶们追逐的目标。

根据蝴蝶的种类不同，它们传送气味出现的时间也有早有晚。（进一步阐释，为读者科普相关知识。）刚孵化出来的雌蝴蝶需要一段时间的成熟期，才能够发出气味信号。有的时候，雌大孔雀蝶早上孵化出来，当天晚上就可以把雄蝴蝶吸引过来。不过通常情况下，它们要等到第二天才能做到这一点。雌小条纹蝶招引雄蝴蝶的时间则比较迟，它们孵化出的两三天后才能向求婚者发出信号。

名师赏析 Mingshi Shangxi

这一篇的主人公是小条纹蝶，可以说是《大孔雀蝶》的姐妹篇。法布尔为了弄清楚雌性蝴蝶靠什么吸引雄性蝴蝶的问题，前后不惜耗费四年的时间，做了多次实验，终于在小条纹蝶的身上找到了答案。其中，雄性蝴蝶求偶的场景描写得生动细致、栩栩如生，运用大量动词来刻画场景，让人过目难忘。

好词好句

心血来潮　不分昼夜　无动于衷　养精蓄锐　喧闹不已

浅红色的大衣看起来就像僧侣的长袍；大衣上有横向的条纹，前面的两瓣翅膀上还长着像眼睛一样的小白点。

延伸思考

1.雌性小条纹蝶究竟是靠什么吸引异性的？

2.去花园里或者郊外观察一只蝴蝶，把它的形态描写出来吧。

Chapter 23 | 第二十三章

条纹蜘蛛

名师导读 Mingshi Daodu

❶ 用白描加比喻的手法来描绘条纹蜘蛛的外貌特征，并揭示了其名字的由来，既简洁，又直观生动。（白描手法）

❷ 寥寥几笔即刻画出了条纹蜘蛛不挑食和善结网的特点。

❸ 又称纺锤器，蜘蛛腹部末端的器官。其主要作用就是分泌黏且可凝成丝的液体。蜘蛛的丝囊一般有三到四对。

在寒冷的冬季，很多动物都已经冬眠了。不过在阳光可以照射到的沙地或者野草丛中，你会搜寻到一种很有趣的东西。它是一个真正的艺术品，要是能得到它，那可是你的幸运了。这个神秘的东西就是条纹蜘蛛的巢。

无论从条纹蜘蛛的体色，还是从举止上讲，它都可以说是我所知道的蜘蛛中最完美的一种。（夹叙夹议，饱含热爱之情。）［它那胖胖的身体上有三道条纹，黄、黑、银三色相间，所以它才有“条纹蜘蛛”之称。条纹蜘蛛的八只脚环绕身体的四周，看起来就像车轮的辐条。］❶ 条纹蜘蛛从来不挑食，什么小虫子它都爱吃。苍蝇、蝴蝶、蜻蜓、蝗虫……［只要是条纹蜘蛛能捕捉到的虫子，都会成为它的美食。只要是可以攀网的地方，条纹蜘蛛都会立刻在那里把大网织起来。］❷

其实，条纹蜘蛛的网和其他蜘蛛的网并没

有太大的差别。整张网非常大，而且整齐对称。大网的蛛丝从中央向四周扩散，呈放射状，一圈圈的螺线连续盘在这些蛛丝上面，看上去非常美观。要说条纹蜘蛛的网有什么特别之处，那就是在它那张垂直大网的下半部分有一条又粗又宽的带子。这个带子从中心处开始沿着蛛丝一曲一折，直到边缘。这种粗粗的带子可以使网更加坚固。因为有一些重量级的猎物稍一挣扎，就很可能把网挣破，所以用这条带子把网加固是很有必要的。

条纹蜘蛛从不主动去选择或捕获猎物，它只是把网织好，然后静静地待在网的中央，撑开八只脚，摆好阵势，等待那些猎物自投罗网。（神态刻画，颇有大将风度。）有些微弱无力的小虫无法控制自己的飞行，便被牢牢实实地粘在了网上。还有一些强大但比较鲁莽的昆虫，也会一不小心撞到网上。这样，条纹蜘蛛便有了大餐，能吃好几天。但是，它也有连续几天一无所获的时候，那时也就只能饿肚子了。

有一种蝗虫，它由于控制不了自己的飞行，所以常常撞到蛛网上。这时，条纹蜘蛛并不急于把它吃掉，而是先要从［丝囊］❸里射出一张丝网，将蝗虫缠住。然后，它才慢慢悠悠地靠近蝗虫，独自享用这顿美餐。

条纹蜘蛛很像古时候的角斗士。每逢要和强大的野兽角斗的时候，角斗士总是把一个网放在自己的左肩上。当野兽扑过来时，角斗士便会右手一挥，敏捷地把网撒开，把野兽困在网里，再用三叉戟一刺，便结果了那野兽的性命。（用词精确，通过拟人手法，将条纹蜘蛛捕获猎物的场面描写得精彩刺激，干净利落。）

不过，角斗士的网只有一张，而条纹蜘蛛可以自己制造网，一张不够，第二张立即跟着撒上来，第三张、第四张……直到它把所有的丝用完为止。条纹蜘蛛还有一个比角斗士的三叉戟更厉害的武器，那就是它的毒牙。它会用毒牙咬住蝗虫，接着美滋滋地饱餐一顿，然后回到网中央，继续等待下一个送上门来的猎物。

条纹蜘蛛的巢也是用丝制成的，那是一个很精致的丝织袋，这个袋是条纹蜘蛛放卵的地方。其大小和鸽蛋差不多，形状像一个倒置的气球，底部宽大，顶部狭小而且是削平的，还围着一圈扇形的边。

巢的顶部是凹形的口，像是盖着一个丝制的盖碗。巢的其他部分都包着一层厚厚的细滑的白缎子，上面还点缀着一些丝带和褐色或黑色的花纹。这一层白缎大概（态度严谨，不妄下结论）是防水的。

为了使丝袋里面的卵不至于被冻坏，蜘蛛还必须为这个巢增加一些保暖设施。用剪刀把那层防雨的白缎子剪开，就可以看见在巢下面有一层红色的丝。这层丝并不是一根一根地呈现纤维状，而是很蓬松的一束。这束红丝比天鹅的绒毛还要软，当然也非常保暖。这就是未来的小蜘蛛们的暖床，在这里，那些小蜘蛛便可以很舒适地度过寒冷的冬天了。

母蜘蛛产完卵后，它的丝囊又要开始运作了。母蜘蛛这次并不是要织出一块美丽的绸缎，而是建造一张杂乱无章、错综复杂的网，这个网就是巢的墙壁。（“不是”“而是”“就是”，以讲故事的口吻娓娓道来，生动有趣。）网织好后，母蜘蛛会射出一种非常细软的红棕色的丝，然后把这种丝严严实实地裹在巢的外面。此后，它又会射出白色的丝，将其包裹在巢的外侧，给巢再加一层白色的外套。这时候的巢就像一个小气球了。最后，母蜘蛛还要吐出不同颜色的丝，用它们来装饰自己的巢。到此，条纹蜘蛛造巢的工作才算结束。条纹蜘蛛本身就是一个奇妙的纱厂，在这个简单而永恒的工厂里，它可以搓绳、纺线、织布、织丝带等，交替地做着各种工作。（比喻绝妙，给人美的阅读享受。）这个工厂里的全部设备只不过是它的后腿和丝囊。条纹蜘蛛是怎样随心所欲地抽出颜色各异的丝的呢？它又是如何自如地变换各种性质不同的工作的呢？这其中的奥妙真是让人匪夷所思。（抛出问题，激发读者思考。）

母蜘蛛在建完巢以后，便头也不回地离开了。这并不是因为它狠心，而是那些孩子们有了这样温暖而舒适的巢，实在也不必担心什么了。它们会在阳光的温暖照射下，慢慢孵化。况且，母蜘蛛此时也没有精力再去照顾它的孩子们了，为了建巢，它已经用去了所有的丝，甚至连给自己织张用来捕食的网的丝都没有剩下。（母爱之无私无悔，让人动容。）它自己也确实没有什么食欲了，已经衰老的它看上去很疲惫，它只有无所事事地静静等待自己生命的终结。

名师赏析 Mingshi Shangxi

作者开篇即直抒胸臆，指出条纹蜘蛛是自己所见过的最完美的蜘蛛，丝毫不掩饰对它们的喜爱之情。这是因为条纹蜘蛛不挑食，而且织网本领强大，捕猎水平也相当之高。其中，最值得称赞的是母条纹蜘蛛对儿女深沉的爱和无私的奉献精神。可怜天下父母心，母蜘蛛的一举一动处处体现着它的用心和浓浓爱意，作者刻画了一个伟大母亲的光辉形象。

好词好句

一无所获　独自享用　杂乱无章　错综复杂

条纹蜘蛛的八只脚环绕身体的四周，看起来就像车轮的辐条。

延伸思考

1.作者为什么认为条纹蜘蛛很完美？

2.蜘蛛妈妈让你联想到了什么？

Chapter 24 | 第二十四章

狼蛛

人类对蜘蛛的印象从来都不是很好，很多人都认为蜘蛛是一种很可怕的动物，这也许是因为它那狰狞恐怖的外表令人看了不由得心惊肉跳。（用常人的观点开题，瞬间抓人眼球。）而且，人们还认为蜘蛛都是有毒的，所以总是对它敬而远之。

蜘蛛确实有两颗毒牙，这种武器可以立刻把它的猎物置于死地。不过，这种毒性对于人类来说就显得微不足道了，甚至还没有被蚊子叮一口的后果严重。所以，认为所有蜘蛛都有很大的毒性，这种看法对大部分无辜的蜘蛛而言是非常不公平的。（用合理的解释为蜘蛛正名，同时为介绍有毒的蜘蛛作好铺垫。）

但是，有少数种类的蜘蛛确实是有剧毒的。（笔锋一转，承上启下。）意大利人曾流传一种说法：人被狼蛛刺一下就会痉挛，从而疯狂地跳起舞来。要想治疗这种病，没有什么灵丹妙药，只有音乐，而且仅有固定的几首曲子特别灵验。（引用传说，介绍狼蛛出场，增添了文章的传奇色彩。）这种说法听起来似乎非常可笑。不过，仔细想想还是有点儿道理的。狼蛛的毒能使人精神失常，而只有音乐才能使人镇静下来，剧烈的跳舞又可以让人大量地出汗，也就把身体里的毒很快地排出来了，从而恢复常态。

我们这一带便有最为厉害的黑肚狼蛛。我们可以通过观察它，了解蜘蛛的毒性有多大。我养了几只黑肚狼蛛，它们的腹部长着黑色的绒毛和褐色的条纹，腿上有一圈圈灰白相间的条纹。

狼蛛最喜欢待在干燥的沙地里，我的一块荒地正好符合它们的要求。那一片沙地上有二十多个黑肚狼蛛的穴，狼蛛的洞穴就是用它们的那两颗毒牙挖成的。这个洞一开始是直的，越往下去便渐渐弯曲起来，洞的边缘还有一堵矮围墙，那矮墙是用稻草、小石子和一些杂物的碎片建成的。我每次朝它们的洞里望去，总能看到四只大眼睛，它们都闪着钻石般的光芒。（两眼对四眼，场面滑稽可笑。）

我打算捉几只狼蛛来进行观察，于是找来一只土蜂做诱饵。我把土蜂放在一个瓶子里，这个瓶子的口和狼蛛的洞口一样大。我把瓶口罩在狼蛛的洞口上。里面的土蜂先是在瓶里乱飞乱撞，后来发现了那个洞口，便飞了进去。这时，洞里的狼蛛见到有情况，便匆忙地往上赶，于是和那只土蜂在洞的拐弯处相遇。很快，只听到洞里一声惨叫，然后就是很长一段时间的沉默。（给人以想象空间，渲染恐怖气氛。）

我把瓶子挪开，然后用钳子伸进洞口，把那只死土蜂揪了出来。狼蛛当然不甘心这到嘴边的肥肉溜走了，所以它不顾一切地跟出了洞口。我赶紧用石子把洞口堵住，这时，狼蛛有点惊慌失措了。我很快用一根稻草将它拨进一个纸袋。用同样的方法，我又捉了一群狼蛛。

狼蛛只吃新鲜的食物，它一捉到猎物便会把它杀死，然后立即吃掉。然而，要想得到鲜活的猎物，不是十分容易。牙齿坚硬的蚱蜢和带毒刺的蜂都有可能飞进狼蛛的洞中，而狼蛛的武器只有它的那两颗毒牙，这与蚱蜢和蜂的武器较量起来，也并不一定会占上风。

我已经看到了狼蛛如何生擒土蜂，我还想看看它与别的昆虫作战的

情景。于是我找来一只［木匠蜂］❶，这应该是一个强大的对手。木匠蜂全身长着黑绒毛，翅膀上嵌着长长的丝线。（善于抓住主要特征。）它的刺很厉害，若是被它刺到，不但会感觉很痛，还会肿起一块，那肿块要很长时间才能慢慢消退。我把一只木匠蜂放入瓶子里，然后把瓶口罩在狼蛛的洞口上。那木匠蜂在玻璃瓶里嗡嗡地叫着，这声音惊动了洞里的狼蛛，它从洞口爬了出来。不过，它爬出半个身子，看看四周，一直不敢贸然行动。大概过了三十分钟，这只狼蛛竟又回到洞里去了。

于是，我又到别的洞口去试。终于有一只狼蛛，它好像是太饥饿了，一听到洞口外面有动静，便猛地一下冲了出来。一眨眼的工夫，那只强壮的木匠蜂就死了，（突出狼蛛行动迅速，杀虫不眨眼。）战斗便以此而告终。狼蛛的毒牙刺到了木匠蜂头部的后面，那里应该是木匠蜂的致命之处，要不它为何连最后的一点儿挣扎都没有呢？

在后来的几次实验中，狼蛛也总是能干净利落地把对手干掉。［它们先是在洞里静静地观察洞口的猎物，迟迟不敢出击。但是，一旦等到机会，只要大蜂的正面对着它，狼蛛便会立刻出洞，以迅雷不及掩耳之势用毒牙刺向猎物的头部。］❷

狼蛛的毒素是很厉害的。有一次，我让一只狼蛛去咬一只羽毛未丰的幼小麻雀。那只麻雀受伤后，流出一滴血。它的伤口有一个红红的圈，一会儿，那个圈又变成了紫色。小麻雀只能用另一条腿蹦跳着前行，那条受伤的腿已经使不上劲了。不过小麻雀的胃口还是很好的，喂了它一些苍蝇、面包和杏酱，它都吃了。照这样看来，这只小麻雀很快便可以痊愈了。十几个小时过去了，一切都还很正常，小麻雀的情况依然很乐观。可是，又过了两天，小麻雀便不再进食了，它的羽毛凌乱了，身体缩成一团，还不时地发出一阵阵痉挛。以后，它痉挛的频率越来越高，最终离开了这个世界。

后来，我又在田野里捉住了一只［鼹鼠］[3]，并想用它再来做一次实验。我把鼹鼠放进笼子里，让一只狼蛛跟它亲密接触，那狼蛛咬了鼹鼠的鼻尖。鼹鼠被咬之后，就不停地用它的爪子挠自己的鼻子。它的鼻子开始慢慢地腐烂。鼹鼠被咬的第一个晚上就开始食欲不振了，它行动迟缓，好像全身都不舒服。第二天晚上，鼹鼠滴水不进了。又过了一天，鼹鼠就死了。（用时间顺序来描写鼹鼠中毒后的情况，叙述严谨而有条理。）

看来，狼蛛的毒牙不仅可以使昆虫致死，就是大一点儿的小动物，也会在它的毒素作用下，很快结束生命。不过，这种可怕的狼蛛非常爱护家庭，这一点也许会让你改变对它的印象。（有褒有贬，客观公正，增强了可信度。）

八月里，有一个清晨，我看到一只狼蛛正在地上织网，那网和人的手掌差不多大。这个网既不精细也不美观，不过很坚固。网织好后，狼蛛又在上边用最好的白丝织成一小片席子，那席子有一枚硬币那么大。狼蛛又把席子的边缘加厚，使它成为一个碗的形状。然后，狼蛛便在里面产下卵，接着又用丝将卵盖好，这样看上去就像一个圆球放在一条丝毯上面。

名师导读 Mingshi Daodu

1 膜翅目昆虫，分为小木匠蜂和大木匠蜂。小木匠蜂属于芦蜂属，有金属光泽，一般在干树枝上营巢。大木匠蜂属于木蜂属，形状颇似熊蜂，但翅呈紫罗兰色，腹部无毛，一般在实心木内挖穴为巢。

2 “静静”“迟迟”“立刻”“迅雷不及掩耳之势”，一组词用得恰到好处，充分说明了狼蛛具有极高的警惕性，谨慎小心，且极为狡猾。（用词准确）

3 一种适于地下生活的哺乳动物。其身体矮胖，毛呈黑褐色，嘴尖，前肢发达，脚掌向外翻，并长有利爪，非常适合掘土。鼹鼠视力退化，一般白天住在土穴中，夜晚出来捕食昆虫，不能长时间接触阳光。

（比喻恰当，使抽象的卵袋变得形象直观。）狼蛛用后腿将攀在圆席上的那些丝抽出来，把圆席的边卷上来，盖住中间的球，这就形成了一个袋子。之后，它会用牙齿和后腿，用力将藏着卵的袋子从丝网上拉下来。

这个袋子是一个白色的丝球，跟樱桃差不多大，摸上去很软又很黏。这个袋的中央有一道折痕，这道折痕便是圆席的边。圆席把袋子的下半部都包住了，而上半部则是狼蛛的幼虫出来的地方。狼蛛的袋子里除了卵，就没有其他什么东西了，不像条纹蜘蛛那样里面有红色的柔软的丝。因为，狼蛛的卵在冬天来临之前就已经孵化出来了，所以，不必担心寒冷的气候会对袋子里的卵产生什么影响。母狼蛛要花一早上的时间才能把这个袋子编织好。之后，它便抱着这个宝贝小球，静静地休息起来。到第二天早上，母狼蛛就把那个小球挂到自己身后的丝囊上。

当夏天就要结束的时候，母狼蛛就会带着它的小球爬到洞口，然后静静地趴在那里。此时，它的后半身在洞外，前半身还在洞里。它用后腿将小球举到洞口，还轻轻地转动它，好让它的每一个部分都充分接受阳光的照射。就这样，直到太阳落山，它一直在洞口趴着，耐心地做着这项工作。（刻画了狼蛛妈妈温柔细心、不辞辛苦的形象，富有画面感，令人感动。）

这项需要耐心的工作并不是只花费一两天就能完成，而是在接下来的三四个星期里，它每一天都要坚持做。这就像母鸡用体温来孵蛋一样，狼蛛则要让自己的卵长时间吸收太阳的热量来孵化。

小狼蛛在九月初的时候就可以出巢了。当它们准备从巢里出来的时候，小球就会沿着那道折痕裂开。小狼蛛出来以后，就会爬到母狼蛛的背上，它们紧紧地挤在一起，大约有二百只，母狼蛛身上就像是包了一块树皮。（用绝妙的比喻，使母狼蛛背上挤满小狼蛛的画面跃然纸上。）这时，那个装卵的袋子也自动从丝囊上脱落，被抛在一边。

小狼蛛们在母狼蛛的背上乖乖地待着，母狼蛛就背着它们到处去逛，或者在外面晒晒太阳，或者回到洞里休息。（寥寥几笔，即勾勒出一个母慈子爱的温馨场面。）

三月的时候，母狼蛛还在洞里背着那些小狼蛛。这样看来，小狼蛛们在母狼蛛的身上要待上五六个月。母狼蛛背着小狼蛛们出征，这对那些小东西来说应该是很危险的，因为它们难免会被路上的草叶、枝条拨到地上。而母狼蛛要照顾上百只小蛛，它会不会注意到掉在地上的小蛛呢？它会不会帮那小蛛重新爬到自己的背上呢？

我在实验室的泥盆里养了几只狼蛛，并对它们进行细致的观察。当我用笔将一只母狼蛛背上的小狼蛛刮下来时，那只母狼蛛仍若无其事地往前走，丝毫没有要帮助那些小狼蛛的意思。那些落在地上的小狼蛛在沙地上爬了一会儿，便陆续攀住母亲的脚，然后顺着脚往母狼蛛的背上爬。不一会儿，它们就一个不落地齐聚到母亲的背上了。看来，这些小狼蛛很会照顾自己，它们不需要母狼蛛为它们费太多的心。

如前所说，小狼蛛们通常会在母狼蛛背上待上五六个月，那么这段时间内它们吃不吃东西呢？母狼蛛会不会把自己猎取的食物分给自己的孩子吃呢？（用设问句表达了作者的关爱之情。）

经过观察，我发现母狼蛛一般都是在洞里吃东西，偶尔也会到洞口用餐。在母狼蛛吃东西的时候，那些小狼蛛在它的背上一动不动，似乎那美味对它们没有丝毫的诱惑力。母狼蛛狼吞虎咽地把食物吃得一干二净，看上去也没有给孩子们留一点儿的意思。

[在这五六个月的时间里，小狼蛛们是靠什么来维持生命的呢？会不会是从母狼蛛的皮肤里吸收营养的呢？可是根据我的观察，那些小狼

蛛并没有用嘴巴贴在母狼蛛的身上吮吸，母狼蛛也没有因为失去营养而变得消瘦，它甚至比以前更健硕了。] ❶ 如果说那些小狼蛛以前在卵里便吸取了养料，但是那些养料也太微乎其微了，似乎难以维持那么长时间的生命所需。所以，小狼蛛们的身体里一定有另一种能量。

如果小狼蛛们始终一动不动，那就很容易理解它们为什么不需要食物了。因为完全静止就相当于没有生命，所以也就不耗费能量，就不需要养料。然而，事实并不是这样，它们虽然常常趴在母狼蛛的背上，但当它们被草叶拨到地上时，又会迅速地运动起来，爬回母狼蛛的背上，所以，它们并不是像冬眠一样处于静止状态。

动物只要运动就要消耗能量，消耗的能量又必须从别的地方得到补偿。（“只要”“就要”“又”，用词准确、科学、有条理。）虽然小狼蛛们在母狼蛛背上的这段时间里，身体并没有长大，但它们还是在运动的，而且运动得很敏捷，它们一定是从什么地方取得了产生能量的食物。

不管是植物还是动物，大家归根结底都是靠着太阳的能量来生存的，那些能量储存在一切可以作为食物的东西里。太阳是能量的最高赐予者，有了太阳，地球上才有了生命。（寓教于乐，说明了地球上所有的生命都依赖太阳生存的道理。）所以，除了通过进食来获取和增加能量，动物们会不会直接接受太阳的照射，而在自身体内产生能量呢？——就像蓄电池充电那样。

[据此推想，将来我们可以通过人工食物来维持生命。那个时候，所有的农田都变成了工厂和实验室，化学家们的工作就是配置人工纤维食物和可以产生能量的食物；物理学家们则设计一些精巧的仪器，通过它们将太阳能直接注射到我们的身体。那样我们就可以不吃东西，只要吃太阳的光线，就可以获得能量，从而维持生命，进行各种活动了。那

将是一个多么奇妙的世界啊！]❷

到三月底的时候，小狼蛛们就该跟母亲告别了。这个时候，母狼蛛常常会在洞口的矮墙上蹲着，它好像早就预料到有离别的这一天，（特写镜头，增强情感，渲染效果。）所以很坦然地任由那些孩子们离去。自此以后，那些小狼蛛的命运便真正由自己把握了，母狼蛛再也不需要对它们负任何责任了。

[小狼蛛们三三两两地从母狼蛛的身上爬下来，它们先在沙地上爬一会儿，接着就急匆匆地爬到我的实验室的架子上。与它们的母亲喜欢住在地下的习性恰恰相反，这些小狼蛛喜欢往高处爬。那个架子上有一个竖着的环，小狼蛛就顺着这个环爬到了架子上。就在那里，小狼蛛们开始快活地抽着丝、搓着绳。只见它们的腿在空中不停地伸展着，看样子它们还想爬到更高、更远的地方。]❸

我明白了它们的心思，便又在环上插了一根树枝。那些小狼蛛立即顺着树枝往上爬，直至爬到那根树枝的顶梢。在那里，它们又抽出丝来，攀在周围的物体上，很快就搭成了一座吊桥。小狼蛛便在那座吊桥上走来走去，看起来十分忙碌。但是它们此时似乎并没有满足，还一个劲儿地想往上爬。于是，我又在架子

名师导读 Mingshi Daodu

❶ 步步设问，不断提出疑问，然后给出解答，环环相扣，使得文章节奏紧凑，行文流畅，读来毫不枯燥和累赘。（设问手法）

❷ 作者展开想象的翅膀，畅想了未来高度发达的能源社会的运作原理，增强了文章的文学色彩。（想象力丰富）

❸ 透过作者的眼睛，读者紧跟着小狼蛛的身影，看到了昆虫忙忙碌碌、为远走高飞做准备的场景。小狼蛛的动作充满了喜感，文章刻画了它们调皮、快乐、爱幻想，又勤劳、踏实、能干的形象，饱含着作者的喜爱之情。（场面描写）

上插了一根很高的芦梗，芦梗的顶端还有几根细枝。那些小狼蛛发现这根芦梗后，便迅速地攀爬了上去，一直到了细枝的末梢，它们又大张旗鼓地抽丝、搭桥。不过，它们这回抽出的丝非常细，要不是有阳光的照射，是很难看清楚的。这种丝不仅细还很长，在空中飘浮着，只要轻轻地吹上一口气，它就会剧烈地抖动起来，那些小狼蛛在上面便好像是随风舞动。

忽然，一阵微风吹来，那细丝被吹断了，断下来的丝便在空中随风飘扬。小狼蛛吊在断了的丝上，也跟着荡来荡去，一直等到风停了才能着陆。（小狼蛛乘坐着自制的"降落伞"，成了"空中飞人"，让人读来会心一笑。）如果风再大一些的话，小狼蛛和那断了的丝会被吹到很远的地方，小狼蛛便会在那个陌生的地方重新登陆，然后安营扎寨。

小狼蛛们爬到高处忙碌地抽丝、织网，这种情形会持续好多天。不过，一般都是在天气晴朗的时候，它们才热火朝天地工作。到了阴天，它们就会慵懒地躲在一旁，动都不想动，大概是没有阳光提供能量，它们就不能精力充沛地自由活动了吧。（用人讨厌阴天的心理关照小狼蛛的行为，亲切生动。）

不久，那些小狼蛛就纷纷离开了这个庞大的家族，它们随着飘浮的丝分散到各个地方。而那个曾经背着一大群孩子的母狼蛛此时已变得孤苦无依。不过，它并没有因为失去孩子们而感到痛苦和沮丧，倒像是卸去了沉重的负担，变得轻松起来。它又精神焕发地到处去觅食了。（通过描写母狼蛛乐观积极的生活状态，刻意回避沉重的离别气氛。）此后不久，它就会做祖母了，再过一段时间还会做曾祖母，这完全是有可能的，因为一只狼蛛的寿命能长达好几年。

从前面的观察中我们可以看出，小狼蛛在刚离开母亲的背时，有一种攀高的本能。不过，等它们流浪了几天以后，便不再兴致勃勃地攀高了，而是开始在地上挖洞了。此后，它们也不会爬到很高的地方去了。

而它们一开始那样轻松地爬到高处，只不过是想在尽可能高的地方攀上一根长长的丝，然后借着风力，让自己飘到远方，在那里安一个新家而已。

名师赏析 Mingshi Shangxi

狼蛛属蜘蛛目的一科，因善跑、能跳、行动敏捷、性凶猛而得名，在昆虫界有着“冷面杀手”的称号。在本篇中，作者通过细心的观察、实验，介绍了狼蛛的捕食、毒性、产卵、育儿等生活习性，细致入微的描述中，无不透着作者的人文关怀。达尔文称赞法布尔是“无与伦比的观察家”，雨果则把他誉为“昆虫学的荷马”，他都当之无愧。

写作借鉴

1.场面描写：法布尔对于场面的描写能力可谓驾轻就熟、信手拈来，他善于运用动词和形容词，用拟人化手法描写昆虫的动作，使得整个场面井然有序，亲切生动，历历在目，方便读者理解。

2.语言风趣：作者常常把一个昆虫的生活起居描写得特别有趣，如母狼蛛晒虫卵、背着二百多个孩子晒太阳，小狼蛛抽丝、搓绳、顺风飘荡，都充满了喜感，读起来趣味盎然。

延伸思考

1.读完文章，你能总结一下狼蛛的生活习性吗？

2.狼蛛是一种有益的昆虫吗？为什么？

Chapter 25 | 第二十五章

迷宫蛛

很多蜘蛛都善于结网，它们可以说是纺织能手。比如［圆网蛛］❶就是无与伦比的纺织娘，它能编出垂直的网，然后坐享其成，等待猎物自投罗网。而有些蜘蛛则很有创造性，它们不用织网，而是利用其他的方法，很聪明地猎取食物，其中有几种蜘蛛在这方面很有造诣。

我们前面讲到过的黑肚狼蛛和一种美洲狼蛛，它们都居住在地穴里。美洲狼蛛的洞穴比黑肚狼蛛的洞穴要精致考究得多。黑肚狼蛛只在洞口用小石子、丝和碎屑等堆一个简陋的护井栏，而美洲狼蛛则会在洞口做一个活动的小圆盖，这就像一个活动门，是由一块圆板、一个槽和一个栓子组成的。（白描手法，把一个昆虫界的能工巧匠精彩地呈现出来。）当美洲狼蛛回洞以后，那活动门就会落进槽里，恰好把洞口关严。若是有谁想来侵犯，企图把那小门掀开的话，美洲狼蛛就会把它的小爪子插进一些小孔里，然后身子紧紧地贴在洞壁上，那扇门便纹丝不动了。

还有一种比较有名的蜘蛛就是水蛛。它可以在水中用丝织成一个潜水袋，那袋里储存着空气。水蛛可以在这个袋里一边避暑，一边窥伺猎物。在太阳像大火炉一样炙烤着大地的日子里，这地方的确是一个舒适又凉爽的避暑胜地。（语言优美，表达了对水蛛生存智慧的赞叹。）人类中也有幻想用石头在水下建造宫殿的，古罗马的暴君泰比利斯生前就曾叫人为他造一座水下宫殿，供自己享乐。可是，那个宫殿只能给人留下憎恶的回忆。不过，水蛛的水晶宫，能够长盛不衰，永远散发着灿烂的光辉。

如果我亲眼看到过水蛛的话，肯定要多说一些它的情况。可是，我们这个地区并没有水蛛，所以我不得不放弃这个想法。至于那美洲狼蛛，我也是偶尔见过一次，以后就无缘重逢了。［但是，普通与平凡并不代表毫无价值，有些比较常见的虫子，只要认真对它们进行研究，也会发现许多有趣的事情和有价值的东西。］❷

走遍周围的荒野，我发现最多的就是迷宫蛛。我对迷宫蛛也很感兴趣，所以对它作了一番研究，我觉得自己很有收获。在七月的清晨，太阳还没有火辣到烤着人的头颈的时候，几乎每个星期我都要到树林里去看几次迷宫蛛。［在树林里，我们发现了高高悬挂的丝网，那丝线上还串着不少晶莹的露珠。露珠在太阳光的照射下闪闪发光，让整个丝网看上去好像皇宫里的稀世珍宝一般。不得不说，这蜘蛛的迷宫真是一个奇观！］❸

经太阳光照射了半个多小时，网上的露珠

名师导读 Mingshi Daodu

❶较常见的一种蜘蛛。其个体较大，腹部末端有3对纺绩器，丝腺分泌的液汁经纺绩器纺出，遇空气后凝结成蛛丝，用来织网、筑巢、猎食等。圆网蛛结的蛛网较大，呈车轮状。

❷在作者的眼里，昆虫只有常见和罕见的区别，而无高低贵贱之分，表现了作者的博爱精神以及生命平等的观点，每种昆虫都有其存在的理由和价值。

❸美在于发现，借着作者的眼睛，我们发现了迷宫蛛的蛛网这件自然界杰出的艺术品，其美丽、精致让人赞叹不已。
（静物描写）

消失了，现在可以仔细地观察蛛网了。那张蛛网接在一大丛蔷薇花上，有一块手帕那么大。网上密布的丝线又将网牢牢地固定在荆棘丛中。蛛网在荆棘丛中纵横交错、绕来绕去。荆棘丛中的每一根突出的细枝都成了蛛网的一个支撑点。网的四周是平的，越往中间就越凹陷，到了最中间就成了一个圆锥形的管子，有八九寸深，一直插入叶丛中。

迷宫蛛就在那管子的入口处坐着。它的身体是灰色的，胸部有两条很宽的黑带，腹部还有两条细带，细带上点缀着一些白色和棕色的斑点。在它的尾部还有奇特的“双尾”，也就是它的腹部末端长的两个小小的、能活动的附属器官。这在其他蜘蛛中是很少见的。（抓住主要特征，进行外貌描写。）

我曾猜想，在管子底部一定有一个铺设得非常柔软舒适的小房间，以作为迷宫蛛的休息室。但事实上那里并没有什么小房间，只有一个像门一样的东西，并且一直是开着的，如果迷宫蛛在外面遇到什么危险，可以直接逃回来。

那个攀附在树枝上的形似火山口的蛛网是采用不同编织方法织成的。它的边缘是用稀疏的丝线织成的纱网；到中间就变成了轻柔的细纱，渐而成了绸缎；到很陡的地方，就成了近似菱形的格子网。而整张网又像是一艘被抛下锚的船。那些网周围的丝线有的长，有的短，有的松，有的紧，有的垂直，有的倾斜，总之是很杂乱地交叉着伸向高处，吊着那个网。（连用排比句，使得整张蛛网富有层次感和立体感。）这确实称得上是一个迷宫，我想除了最强大的虫子，谁都不能打破它，逃脱它的束缚。

迷宫蛛的网不像其他蜘蛛的网那样有黏性，其妙处就在于它的迷乱。把一只小蝗虫扔到迷宫蛛的网上，它刚在网上落脚，那网便摇晃起来。站不稳的蝗虫一下就陷进了“火山口”，它开始挣扎，可越是挣扎，它便陷得越深，好像掉进了可怕的深渊一样。（表现了蝗虫对死亡的恐惧和本能的垂死挣扎。）而迷宫蛛就静静地待在管底张望着，看着那倒霉的小蝗虫垂死挣扎。它知道，这个猎物马上会掉到管子底部，成为它的盘中美餐。

果然，一切如它所料。迷宫蛛不慌不忙地扑到猎物上，慢慢地享用起来，那样子真是得意扬扬。至于那只蝗虫，在迷宫蛛咬它第一口的时候就在迷宫蛛毒液的作用下一命呜呼了。这对蝗虫来说，要比活着被撕成碎片舒服多了。（处处渗透着作者的人文关怀。）接下来的整个食用过程，迷宫蛛都表现得相当从容。

不过，到了快要产卵的时候，迷宫蛛就要搬家了。那张近乎完美的大网就这样被它永远地遗弃了。它必须去另觅新地，建筑巢房，以备产下蛛卵。它会把巢做在什么地方呢？迷宫蛛自己当然知道得很清楚，而我，却一点儿头绪都没有。我花了整个早晨在树林中的各个地方仔细搜索。功夫不负有心人，我最终发现了它的秘密。

原来，在离它的网相当远的一个树丛里，迷宫蛛造好了它的巢。这个巢草率而杂乱地纠缠在一堆枯柴中间，那里有一个比较精致的丝囊，丝囊里就装着迷宫蛛的卵。那样简单的巢似乎跟迷宫蛛的建筑风格有些不相符。也许是因为在那破烂不堪的环境里，迷宫蛛没有心思去精织细做。（揣测迷宫蛛的心理，饶有趣味。）

如果换一个环境，它或许会用心把巢建造得更为精美。为了证实这个推想，我把六只快要产卵的迷宫蛛带回家，放在实验室的铁笼子里，在里面又放了一根百里香的树枝。到了七月底的时候，果然有了六个雪白的精巧而细致的巢。

这个巢是一个由白纱编织而成的卵形的囊，有鸡蛋那么大。巢的内部构造很迷乱，和它编织的那张网差不多。这个布满丝的迷宫只不过是一层保护墙，而在这丝墙的里面还装着一个卵囊，那卵囊呈星状，上面还分布着十字荣誉勋章的图案。

卵囊是一个很宽大的暗白色袋子，周围有十几根圆柱子，使它可以固定在巢的中央。而那些柱子都是中间细、两头粗。这些柱子在卵囊周围排列着，形成了一个白色的围廊。母蛛就在这个围廊上爬来爬去，注意着卵囊里面的动静。卵囊里大概包裹着一百个淡黄色的卵。而在白色丝墙里面还有一层泥墙，那是由丝线里夹杂些小碎石做成的。（细节描写，抽丝剥茧。）大概是母蛛怕卵受到寄生虫的侵犯，才特地做了这样一层更加坚固的墙吧。

有许多蜘蛛产完卵以后就会离开自己的巢，而迷宫蛛则会自始至终守护着那些卵，它在白色围廊里踱来踱去，非常警惕地保护着自己的孩子。（出于母性的本能，迷宫蛛时时刻刻保护着孩子。）

迷宫蛛产完卵后，胃口依然很好，它要吃东西，补充营养，然后继续抽丝，不断地加厚它的巢。起初透明的墙不久就变得又厚又不透明了。

大约到九月中旬，小迷宫蛛们就可以孵出来了，但是它们并不立即离开巢，而是要在里面度过寒冷的冬天。

此时，母蛛仍要不断地纺丝，加厚巢的四周，保护着里边的小蜘蛛。不过，渐渐地，母蛛就没有什么食欲了，再坚持四五个星期，它就已经生命垂危了。到十月底，母蛛用尽最后一丝力气，替孩子们把巢咬破，便放心地死去了。（看似平静的叙述中，透着一丝伤感和许多敬佩。）到了第二年春天，小蛛们便从自己的巢里走出来，借助游丝，飘散到各处去安家了。

名师赏析 Mingshi Shangxi

说起迷宫蛛，很多人都很陌生。作者为了了解它们的生活习性，不惜经常跑到野外去观察，从捕食、结网、繁殖几个方面来介绍，使得迷宫蛛的形象在我们眼中生动、饱满起来。迷宫蛛最引以为荣，并为人所称道的就是它所织的网，其结构复杂，设计精巧，如迷宫一样，让猎物一旦落入“法网”便再难逃脱。而母蜘蛛为了孩子尽职尽责，最后辛劳而死，也让人唏嘘不已，昆虫的责任心更是让人动容，肃然起敬。

● 好词好句

窥伺猎物　长盛不衰　一命呜呼

露珠在太阳光的照射下闪闪发光，让整个丝网看上去好像皇宫里的稀世珍宝一般。

可越是挣扎，它便陷得越深，好像掉进了可怕的深渊一样。

● 延伸思考

1.迷宫蛛的网有什么奇特之处呢？

2.你见过蜘蛛网吗？研究一下它的构造吧。

Chapter 26 | 第二十六章

蟹蛛

蟹蛛有一个美丽的外表。它的皮肤像缎子一样美丽，有的是乳白色，有的是柠檬色。腿上还有粉红色的圆环，背上有深红色的花纹，有的在胸的左边或者是右边还有一条淡绿色的带子。这身外衣虽然比不上条纹蜘蛛的服装华丽，但是由于它的花纹特别细致，颜色搭配又很协调，所以更显典雅、高贵。（夹叙夹议，对蟹蛛的着装品位进行点评，煞有介事，引人发笑。）虽然蟹蛛有件美丽的外衣，但是它的身材却不十分好，肚子看上去就像一个又矮又胖的锥体，而且底部两侧还各有一块稍稍隆起的肉，就好像是骆驼的驼峰。蟹蛛走路的时候跟螃蟹一样是横向的，所以它被叫作蟹蛛。

蟹蛛是一种不会织网的蜘蛛，它有自己独特的捕食方式。蟹蛛经常会埋伏在花丛的后面等待猎物的出现，只要猎物从它身边经过，它就会扑上去在猎物的颈部轻轻一刺，那猎物就一命呜呼了。

勤劳的蜜蜂在采蜜的时候是非常用心的，它们从不三心二意、左顾右盼。（为蟹蛛捕食作好铺垫，猎物越不提防，就越容易下手。）蜜蜂正在一个花蜜很多的花蕊上聚精会神地工作的时候，蟹蛛便悄悄地爬出来，慢慢逼近蜜蜂的背后，然后猛冲上去，在蜜蜂的颈背上刺一下。这一刺正中蜜蜂颈背部的神经中枢。蜜蜂的神经中枢被麻痹以后，它的腿就开始硬化，不能动弹了。这个小生命便在不知不觉中结束了。蟹蛛心满意足地吮吸着蜜蜂的血，吸完以后便大摇大摆地离开了，把那具遗骸无情地抛弃在原地。

蟹蛛在筑巢方面同样很出色。一次，我看到它正在一丛花中间筑巢，那巢是一个白色的丝袋，形状就像一个顶针。这个丝袋就是那些卵居住的地方，丝袋的口上还盖着一个扁圆形的绒毛盖子。在盖子的下面，也就是房屋的顶部是一个用绒线织成的圆顶，那绒线里还夹杂着一些凋谢的花瓣。这个圆顶就是蟹蛛的瞭望台。就在这个瞭望台上，蟹蛛会一直守望着四周，像个卫兵一样，为巢里的卵宝宝站岗放哨。

自从产了卵以后，蟹蛛就慢慢消瘦下去，精神紧张地在瞭望台上注意周围的动静，好像随时准备开战一样。它那凶狠的样子和激动的动作，把那些图谋不轨的侵略者都给吓了回去。之后，蟹蛛又爬回圆顶，继续严阵以待。（将蟹蛛妈妈保护虫卵的本能刻画得淋漓尽致。）

蟹蛛舒展开自己的身体，把它的卵遮住。它已经非常孱弱，似乎一阵风吹来，就能把它卷走。（夸张手法，足见蟹蛛之消瘦。）它不吃不喝，不眠不休，只是静静地待在卵上，一刻不离地守护着它们。

蟹蛛用身体来遮蔽它的卵，等待着它们孵化，这让我联想起母鸡孵蛋。母鸡在孵蛋的时候也是让卵在自己的身体下面，把身体的温度传导到卵上，使卵能够孵化。而蟹蛛的母亲并不向卵提供什么热量，即使它有这份心，也已经没有能力了，此时母蟹蛛的生命已经很微弱了。而且蜘蛛的卵只要靠太阳的热量就足够了，所以，母蟹蛛在此守候的目的并不是孵化幼卵。

这样过上两三个星期，母蟹蛛因为一点儿东西都没有吃，所以一天比一天消瘦。但是，母蟹蛛仍然无怨无悔地守护着巢里的卵，它为何要苦苦地支撑着自己的生命呢？是什么值得这只母蟹蛛坚强地支撑着自己的生命呢？它是想亲眼看到自己的孩子们出来吗？

我们知道条纹蜘蛛非常勤快地为它的孩子们造了一个安乐窝，之后它便一去不回头，因为它的寿命太短了，所以再也不能顾家了。它在第一个寒流来袭的时候，生命就会结束，而它的卵则要来年春天才能孵化出来。条纹蜘蛛的孩子们离开那个气球形状的巢时，没有谁来帮它们把巢打破，因为它们的母亲早已离开这个世界了。幼小的蜘蛛又没有能力自己破巢而出，所以只能等到巢自动裂开时，它们才能爬出来。但蟹蛛的巢不像条纹蜘蛛的巢那样，顶上的盖会自动裂开升起，那小蟹蛛们是怎样从这封闭得很严密的巢中爬出来的呢？在它们爬出来之前母蟹蛛也已经耗尽了生命，谁来帮它们打破巢呢？

在小蟹蛛们孵化出来以后，我发现在巢的盖子边缘有一个小洞，这个洞并不是早就有的，显然是谁悄悄地在那盖子上咬了一个孔，为的就是让里面的小蛛们可以通过这个孔钻出来。蟹蛛的巢四壁又厚又粗，那些柔弱的小蛛们绝对没有力量把它抓破。这个小孔肯定是母蟹蛛在它生命垂危的时候打的。（虽是推测，但合情合理，具有说服力。）它一边为巢里的孩子们站岗放哨，一边静静地感受丝囊里那些小生命的举动，等里面的小生命们开始躁动不安起来，母蟹蛛就知道它们不久就要出来了，所以用尽最后一点儿力气，在盖子上打通了那个小孔，此后，母蟹蛛也就安心地死去了。

虽然，它虚弱得随时可能死掉，可是为了这最后一个愿望，它一直顽强地支撑了几个星期。母蟹蛛死的时候非常平静，它胸前还死死地抱着那个巢，身体慢慢缩成僵硬的一团。（用抒情的笔调，刻画了如电影定格一般的画面，赞美了母蟹蛛震撼人心的母爱。）

七月的时候，实验室里的小蟹蛛从巢里爬了出来。我把一捆细树枝插在铁笼上，那些小蛛便爬上铁笼，又顺着树枝爬到了枝梢，在那里它们就开始用丝线织成了网。它们在那网床上休息几天，便又开始搭吊桥。不久，小蛛们的身体在太阳的照射下蓄足了能量，动作变得活跃、敏捷起来，飞快地在树枝上纺着线。每一只小蛛后面都拖着长长的丝，它们纷纷爬到树枝的最高处。突然，一阵风吹来，挂在树枝上的细丝被扯断了，小蛛们就靠着它们的"飞行器"随风飘走了。（场景描写，准确使用动词，将小蜘蛛起飞的画面描绘得形象生动。）

名师赏析 Mingshi Shangxi

从捕食、产卵到幼虫的孵化、成长，一直到母蟹蛛筋疲力尽地死去，而小蟹蛛茁壮成长出去闯荡世界、四海为家，作者的观察贯穿了蟹蛛的整个生命过程。蟹蛛往巢里铺花瓣的细节，说明"爱美之心，虫皆有之"，读来饶有趣味。和条纹蜘蛛、狼蛛、迷宫蛛一样，母蟹蛛也是了不起的母亲，为了孩子鞠躬尽瘁，死而后已，令人敬佩，也撼人心魄。

●好词好句

三心二意　左顾右盼　聚精会神　生命垂危　躁动不安

母蟹蛛死的时候非常平静，它胸前还死死地抱着那个巢，身体慢慢缩成僵硬的一团。

●延伸思考

1.蟹蛛的名字是怎么来的？

2.比较一下，蟹蛛和前文中提到的几种蜘蛛有哪些相同点和不同点。

Chapter 27 | 第二十七章

蛛网

园蛛是会织网的蜘蛛中的佼佼者，它的纺织技术可算得上是一流。（开门见山，确定全文的主题。）黄昏的时候，在花园中散步时，我们会很容易地在迷迭香丛里找到一只园蛛，并能看到它在慢慢地爬行。在阳光下观察幼小的蜘蛛，看它们在白天工作，是一件很有趣的事情。成年园蛛总是在黑夜里纺织，而每年一定的月份里，小蜘蛛们便会在太阳落山前的两个小时左右就开始工作了。

这时，小蜘蛛们离开它们白天待的居所，各自选定一个地盘，便在那里纺起线来。它们都是分散开来，各自干各自的，互不打扰。我曾跟踪一只小蜘蛛，细细观察了它工作的情况。这只小蜘蛛先在迷迭香的花上爬来爬去，从这根枝爬到那根枝，在那一小片的范围内忙忙碌碌。过一会儿，它开始打起基础来，它用自己的后腿把丝从身体里拉出来，放在一个地方作为地基。然后，它又爬上爬下地忙活了一阵，构成了一个丝架子。这个架子的结构并不规则，它只是一个垂直而扁平的“地基”，但正是由于它的错综交叉，所以很牢固。

接着，那只小园蛛又在不规则的架子表面上横着拉上一根特殊的丝。这根丝非常细，却是不可缺少的。这根丝的中央有一个小白片，这个白片就是一个丝垫子。接下来，小园蛛就开始正式织那张捕捉猎物的网了。它先从中央的白色丝垫开始，沿着横的细丝向外爬，很快爬到那个丝架的边缘。然后，它又迅速地从边缘爬回中央。小园蛛就这样在中央白垫和架子边缘之间往复地爬着。它爬的速度非常快，一会儿上，一会儿下，一会儿左，一会儿右。（运用排比句，使园蛛的织网动作富有节奏感。）它一边爬一边抽着丝，所以，它每走一趟就在架子上拉一条半径，做成一条辐。不一会儿工夫，丝架上就有了很多辐，但是这些辐并不均匀，也没有次序，看上去有点散乱。

看到这里，也许你会怀疑，以前见过的那些整洁而有规则的网难道会是这种蜘蛛织的吗？（跳出故事，和读者交流，也起到了起承转合的作用。）其实，你根本无须怀疑，待这张网织成以后，也会同样整洁而有秩序，只是在织的过程中显得有些乱而已。蜘蛛是故意在织网的过程中打乱次序的。它在同一个方向拉了几条辐以后，就要迅速地在另一个方向补上几条。它不能偏爱某一个方向，因为只有这样才不至于因为网在某一个方向上偏重，而导致整张网扭曲变形。它们织网时不按次序，就是为了保持网的平衡，而且这丝毫不影响作品完成时的整洁与美观。

经过小园蛛一番无次序的工作之后，一张网的辐就全部织好了。这张网是一个完整的圆，辐与辐之间有着相等的距离。蜘蛛能织出这样富有几何规则的网，实在令人叹为观止。它们不用什么仪器，也没有经过严格训练，就能够随意将一个圆划分为若干等份。在它们的工作过程中我们看不出它们遵循什么几何原理，但却从它们的工作成果上看到了几何规则。（对比人对仪器的依赖，表达了对园蛛完全依靠直觉和本能就能把工作做得如此出色的赞叹。）

把所有的辐都布置好后，小园蛛就会回到中央的白色丝垫上，然后从这里出发，踏着辐，开始绕螺旋形的圈子。这时，它又开始了另一个程序。小园蛛用很细的丝在辐上盘起密密的线圈，这些线圈在网的中心，这里便是蜘蛛的“休息室”。接着，越往外围，线圈就越稀疏，而且丝也越来越粗了。不一会儿，小园蛛就随着螺旋线圈到了离中心很远的地方。每次经过辐，它都把丝绕在辐上，使它与辐粘在一起。最后，它终于把线圈绕到了架子的边缘。这时，你会发现这些螺旋形的线圈也并不是圆润的曲线，而是一段一段的折线，也可以说这些线圈其实就是辐与辐之间的横档组成的。

小园蛛在工作时的动作是非常快的，而且它在网上不停地振动，还不时地跳跃、摇摆、扭曲，你根本就无法看清楚它工作的细节。在织网时，小园蛛的两条腿在不停地动着，其中一条腿把丝从身体里抽出来，然后把丝递给另一条腿，这条腿再把丝绕在辐上。那种丝是有黏性的，所以丝被粘住以后，随着小园蛛往前爬，身体里的丝就很容易地被拉出来了。小园蛛会一直把丝绕到中心处，也就是到了它的“休息室”。这时，它就会把中央的丝垫吃进肚子，大概是想储存一下原料，到下一次织网的时候便可以用吃下的丝再纺出线来吧。

如果仔细观察，你会发现用来做螺旋线圈的丝与用来做辐和“地基”的丝不同，它看上去更为精致，在太阳光下还闪闪发光。我把这种丝放在显微镜下观察时才发现，这种用肉眼几乎都看不清的细丝竟是由几根更为细的丝线缠合而成的。而且，这种细线还是空心的，空心里面还有很黏稠的液体。（观察细致入微，洞察力也相当惊人。）这种黏液从丝线的线壁渗出来，使丝线的表面都有了黏性。园蛛的猎物也就是被这种黏液粘在网上而无法逃脱的。

可是，这种网能粘住各种猎物，那为什么蜘蛛本身却不会被粘住呢？（不断钻研、思考，才能提出有价值的问题。）我想，也许是园蛛的脚上有什么特殊的物质让它可以在有黏性的网上轻易地滑过吧。这种特殊物质最有可能是一种油，因为油是一种使物体表面变滑的好材料。于是，我从小园蛛身上切下一条腿，把它浸泡在二硫化碳中，因为二硫化碳可以溶解油。经过这样一次清洗，那条蜘蛛腿果真被蛛网牢牢地粘住了。由此，我们可以说，蜘蛛的腿上是涂了一层特殊的“油”的，所以它才不被蛛网粘住。不过，这种“油”是很有限的，所以，园蛛并不愿意总是停在螺旋线圈上，而是大部分时间待在网子中央的“休息室”里。

名师赏析 Mingshi Shangxi

园蛛是蜘蛛界的结网高手，可它也只是出于本能而已，不需要后天学习，无论是捕猎，还是娶妻生子，它的生活都是围绕着网进行的，所以它注重网的结构。全文主题明确，只抓住园蛛结网的过程来写，叙事有条理，语言生动活泼，节奏疏密有致。园蛛织网时看上去杂乱无章，不符合几何学原理，却能织出一张整洁美观的网来，其技能之高超，让人类都自叹不如。

好词好句

佼佼者　错综交叉　散乱　无须怀疑　扭曲变形

在它们的工作过程中我们看不出它们遵循什么几何原理，但却从它们的工作成果上看到了几何规则。

延伸思考

1.园蛛结网的高超之处体现在哪儿？

2.参照园蛛织网的过程，你也来描述一下人类建房子的几个主要步骤吧。

Chapter 28 | 第二十八章

蜘蛛的电报线

在强烈的阳光下，有许多蜘蛛都受不了这种暴晒，所以白天时它们就找一个庇荫的地方躲起来。（说明昆虫的行为和自然环境密切相关。）在六种园蛛中，只有两种会坚持一直待在网的中央，不怕烈日的焦灼，这两种园蛛便是条纹蜘蛛和丝光蜘蛛。而其他几种则不会在大白天趴在网上，它们会在离自己的网不远处，找一个隐蔽的场所，然后在那里用叶片和丝线做一个窝，就在那窝里面静静地待着。

[阳光明媚的白天，蜘蛛们感到头晕目眩，但却是昆虫们最为活跃的时候：蜻蜓们快活地飞来飞去，追逐嬉戏着；蝗虫们活泼地在园子里跳跃着……这时候蜘蛛们布下的大网，对那些玩得忘乎所以的小虫们可是莫大的威胁。那些失去了警惕心的昆虫只要一碰到那张网，便被牢牢地粘住了。] ❶

可是，除了条纹蜘蛛和丝光蜘蛛一直在网上等待，其他的几种蜘蛛都在阴凉地里悠闲地避暑呢，[它们能知道自己的网上已经捕获了猎物吗？它们又是怎样知道网上发生了什么事情的呢？让我来解释吧。] ❷

让蜘蛛知道网上有猎物的不是蜘蛛的眼睛，而是网的振动。为了证明这一点，我把一只死蝗虫轻轻地放在好几只蜘蛛的网上，那样明显的位置，它们应该很容易看得见。有几只蜘蛛还趴在网上，有的则躲在隐蔽的窝里，但它们都没有发现网上的死蝗虫。我又把死蝗虫拿到它们的面前，可是它们仍然无动于衷。接着，我用一根长棍拨动网上的死蝗虫，那网也跟着振动起来。［这回，停在网中央的条纹蜘蛛和丝光蜘蛛立刻向死蝗虫扑过来，而那些隐藏在窝里的蜘蛛们也都赶回自己的网，它们熟练地抽出丝将死蝗虫死死地缠了起来。它们就像对待活的猎物一样，毫不吝惜自己宝贵的丝线，直到觉得猎物再也无法逃脱了才停止了捆绑。］❸

从这个实验我们可以看出，蜘蛛们并不是靠眼睛来判断猎物什么时候落入网的，而是靠网的振动获得信息的。在网上等待的蜘蛛能感知网的振动是很容易理解的，然而那些隐居起来的蜘蛛是怎样知道自己的网在振动的呢？

原来，在网的中心有一根丝一直延伸到那些蜘蛛隐居的地方，这根丝的长短根据网与隐居的地方的距离不同，也就有长有短。这根丝就是那些隐居的蜘蛛感受自己的网振动的导线。（用严谨的文字揭示答案，增强可信度。）

这根线是从网的中心引出的，因为网的中心连接着所有的辐，所以每一条辐的振动都能影响到它。这样，无论猎物在网的哪一个部位挣扎，振动都会传导到这根连接中心的线上。

名师导读 Mingshi Daodu

❶ 节奏越欢快，昆虫们越玩得忘乎所以，就越是危机四伏、杀机重重，因为猎物在明处，而杀手躲在暗处。这种前后气氛的巨大反差使得文章充满了张力，可读性很强。
（渲染气氛）

❷ 运用设问句承上启下，使文章结构紧凑。同时和读者保持沟通，吸引读者的注意力。
（设问句）

❸ 客观描述加上作者赋予它的心理活动，将一系列动作描写得生动有趣，巧妙刻画出了蜘蛛捕猎时迫切和激动的心情。
（动作描写）

躲在远处隐蔽的窝里的蜘蛛就是靠这根线得到猎物落网的消息的。这根线就是蜘蛛们获得信号的工具，它好似一根电报线。这根电报线的作用并不只是传递信息，它还是一座便捷的桥梁。这条斜线可以减小坡度，蜘蛛在得知猎物落网的消息后，便可以直接靠着它赶到网中，这既缩短了距离，又节省了时间。

对于这根电报线的妙用，小的蜘蛛们还是不太懂得，这种接电报线的技术也只有老蜘蛛们才能运用自如。当那些老蜘蛛们坐在凉爽的安乐窝里静静思索或者闭目养神的时候，它们会留心那根电报线传来的信号，并做好出征的准备。（刻画出老蜘蛛的运筹帷幄和老谋深算。）但是，这样长时间的警惕与守候是很劳神的，所以为了能够好好休息，减轻工作的紧张和压力，它们总是把那根电报线缠在腿上。

我曾经亲眼见过这种情景。（插叙手法，用亲眼所见的事实来进一步证明自己的结论。）我在两棵常青树间发现了一张角蛛的网，那张网随着风轻轻摆动着，还在阳光底下闪闪发光。这张网的主人早已藏到隐蔽的居所里去了。沿着它的电报线找去，很快就会发现它那个窝，那是一个用枯叶和丝做成的圆顶屋，角蛛的身体埋在窝里面，看不到网上发生的一切。不过，当它的后腿忽然伸出窝，我看到它后腿的顶端连着一根丝线，没错，这就是那根电报线。我故意放了一只蝗虫在那网上，想看一下那个隐居的猎手会有什么样的反应。当那只蝗虫在网上挣扎的时候，网就振动起来，网的振动又通过那根电报线传导到蜘蛛的脚上。蜘蛛立即钻出窝，沿着电报线快速地来到网上，然后心满意足地享用起猎物来。

说到这里，我们似乎还有一个疑问：蛛网时常被风吹动，那么蜘蛛们会不会被弄得草木皆兵呢？可是，通过观察，我发现要是因为风吹动而使网振动，那些隐居的蜘蛛并不出动，仍在窝里安闲地待着，它们似乎很明白这是假信号。原来，那根电报线还有这样一个神奇的功能，它能够区分网的振动是来自猎物的挣扎还是风的吹动。这根电报线的另一个神奇功能，即它能像人类使用的电话一样，把各种真实的、确切的声音传递过来。蜘蛛就是用一个脚趾接着电话线，用腿听着传来的信号，准确地分辨出哪些是真信号，哪些是假信号的。（拟人手法，形象直观，便于读者理解。）

名师赏析 Mingshi Shangxi

就像文章的标题所说的，蜘蛛是一个电报专家，它不但能利用一根导线感知猎物，还能分辨出猎物挣扎的信号和风吹动制造的假信号。看来，自然界的动物为了生存，练就了一身好本领，各有各的绝活。在好奇心的驱使下，作者通过多次实验发现了蜘蛛网上的秘密，收获了发现真相后的满足感与成就感。

● 好词好句

暴晒　阳光明媚　头晕目眩　追逐嬉戏　运用自如

阳光明媚的白天，蜘蛛们感到头晕目眩，但却是昆虫们最为活跃的时候：蜻蜓们快活地飞来飞去，追逐嬉戏着；蝗虫们活泼地在园子里跳跃着……

● 延伸思考

1.为了弄清楚蜘蛛发现猎物的办法，作者用了哪些办法？

2.你见过蜘蛛在蛛网上守株待兔的场景吗？如果有机会，细心观察一下吧。

Chapter 29 | 第二十九章

朗格多克蝎子

有时候翻起石头，你会发现一个样子既强壮又极为恐怖的多足纲昆虫。这个昆虫的尾巴卷在脊背上，螯针的顶端挂着一滴毒液，双钳展开伸出洞口。（对尾巴进行详细描写，突出其重要作用。）这个可怕的昆虫就是朗格多克蝎子。

毒针是蝎子的有力武器，但是蝎子在攻击和捕捉一般的小猎物时，只需要使用它那有力的螯钳就可以把猎物送入嘴里。不过，要是那猎物想拼力挣扎，那么蝎子就会将尾巴向身体前面卷起，然后用毒针轻轻蜇刺猎物，那个可怜的猎物就会一动不动地任它宰割了。看来，毒针在蝎子进食时只不过是起辅助作用。不过，当蝎子遇到强敌时，它的毒针就会派上大用场了。为了看看蝎子的毒性有多大，我打算给它找一些强劲的昆虫对手，为它制造一些勇猛作战的机会。

于是，我捉来一只狼蛛，把它和一只朗格多克蝎子放在一个大口玻璃瓶里。它们两个都有毒针，最后谁能把谁吃掉呢？（双方实力相当，悬念十足。）虽然狼蛛没有蝎子那样强壮，但是它十分敏捷，可以灵活地攻击和躲闪，所以在开战之前，这场战争还是胜负难料。两个对手刚刚相遇，狼蛛便立即半直起身，张开淌着毒液的毒钳，摆出一副不可一世的架势。那么朗格多克蝎子呢？它只是将两个螯钳伸出来，不慌不忙地靠近对手，竟用螯钳的两个趾的末端肢节轻而易举地抓住了狼蛛，让它动弹不得了。狼蛛自然是拼命地挣扎，它的钩状螯肢不停地一开一合，可这一切只是徒劳，因为它已被蝎子长长的螯钳死死地抓住了，它同蝎子的身体之间还有一段距离，所以它根本无法对蝎子造成任何威胁。

接着，蝎子很从容地将尾巴翘起，伸向狼蛛，将毒针刺入狼蛛的胸部。不过，它并不是一下子刺穿对方的身体，而是不紧不慢地将尾巴一点点推进狼蛛的体内，同时还要微微地抖动身体并转动它的毒针，看起来好像很用力。（详细描述了蝎子使用毒针的过程，表现了其心狠手辣。）毒针刺入狼蛛身体以后，还要在那个伤口处停留一会儿，应该是为了让更多的毒液流入狼蛛的身体吧。受伤的狼蛛开始抽搐，很快便死去了。

美食当前，蝎子即刻开始享用。它先吃掉猎物的头部，然后一点一点地蚕食其他部位，整整一天时间它都在享用这丰盛的宴席。

既然连这样强壮、凶狠的狼蛛都不是蝎子的对手，那么，那些柔弱的纺织娘——圆网蛛、角蛛、彩带蛛、丝蛛……它们又如何抵挡得住蝎子呢？它们刚一见到蝎子便已经吓得六神无主了，竟把自己吐丝撒网这一独门绝技都忘了。（画面定格，充分表现了小昆虫在面对强敌时的惊慌失措，甚至忘了抵抗。）若是它们能及时吐出丝网，或许还能把蝎子捆绑起来。但是，在敌人的威慑下，它们竟然都乖乖束手就擒了。

然而对于居住在附近的螳螂来说，蝎子很少有机会去骚扰它们，只有在螳螂分娩的时候，或许蝎子才有可能去偷袭。这是因为蝎子虽然善于攀爬墙壁，但是在摇晃的树枝上，它的攀爬本领无法施展。

为了看到蝎子和螳螂决斗的场景，我决定给它们制造一个机会。于是，我把朗格多克蝎子和螳螂放在一个罐子里，让这两位能够同场竞技。［蝎子和螳螂相遇了。蝎子首先发起进攻，为了节约毒液，它往往只是拍打一下对手，并不总是用尾巴发动攻击。很快，螳螂被蝎子的螯钳夹住了，它积极张开带锯齿的前腿，并展开带纹饰的翅膀，摆开一副凶狠的姿势。可是，这不但不能使螳螂威胁住对方，反而给敌方的进攻提供了便利。蝎子的毒针趁机狠狠地刺入螳螂的两条带有锯齿的前腿之间，直到毒针没入螳螂的身体。在伤口处停留了片刻之后，蝎子便把毒针拔了出来，这时针尖上还渗出一滴毒液。螳螂已经屈起了腿，全身抽搐起来。它的肚子不停地跳动，尾部也不停地颤抖，只有它那细长的触须、小小的嘴巴和带有锯齿的前腿一动不动。没过多久，螳螂就死了。］❶

我认为，这次蝎子只是凭运气刺中了螳螂身上一个极其脆弱的部位，所以才使对手死得这么快。（为下文多次让螳螂和蝎子交锋埋下伏笔。）如果蝎子刺中的是螳螂的其他部位，那么结果又会怎样呢？于是，我把另一只毒囊里装满毒液的蝎子和一只肥胖的雌螳螂放在了一个罐子里，想看看它们之间会不会有更加激烈的搏斗场面。

开战了！（寥寥三字，即营造出紧张的气氛，用词绝妙。）肥胖的雌螳螂半立起身，转动着脑袋，还用双翅摩擦发出扑扑的声音，摆好这副威胁的架势。它先发制人，用带锯齿的前腿紧紧抓住了蝎子的尾巴，使蝎子无法应用它的独门武器。不过，渐渐地，螳螂有些力不从心了，再加上内心的恐惧，使得它更显疲惫了，于是松开了前腿。这时，蝎子便趁机而上，将毒针刺进了螳螂的腹部，螳螂立刻瘫软下来。

后来，我又制造机会分别让几只螳螂和蝎子单打独斗。有一次，螳螂的一条锋利的前腿刚被刺伤，便立即瘫痪了，接着另一条腿也不能动弹了。随后，其他的腿也都蜷曲起来，肚子也开始抽搐。不久，这只螳螂就死掉了。还有一次，一只螳螂的一条腿的腿节和颈节之间的连接处被蝎子刺中了，螳螂前面的四条腿顿时蜷曲起来，翅膀痉挛着张开，好像还要摆出威胁敌方的姿势。可是，它的前腿胡乱地动着，触角、触须和肚子，甚至尾部的附属器官也都不停地抖动着。就这样，受伤的螳螂垂死挣扎，一刻钟过后，便一动不动，死去了。（详写螳螂垂死挣扎，可见蝎子的毒性之强，让人触目惊心。）看来，无论蝎子刺中螳螂的哪个部位，螳螂最终都难逃死亡的结局。

我们再找只［蝼蛄］② 来跟蝎子较量较量吧。蝼蛄是一种专咬作物根系的虫子，所以是普罗旺斯的园丁们所痛恨的一种昆虫。因为蝼蛄生活在土壤肥沃的花园里，而蝎子多居住在贫瘠的岩石坡，所以它们平常是没有什么机会碰面的。

现在，它们在我的安排下对视着。不一会儿，蝎子便开始向蝼蛄进攻了。蝼蛄也并不示弱，它摩擦着翅膀，发出一种特别的声响，就像在演奏一曲战歌。蝎子当然没有耐心倾听蝼蛄那美妙的音乐，它使劲地甩起自己的尾巴，攻向蝼蛄。蝼蛄的胸部有一副拱形的坚固铠甲，可用于保护脊背。但是，在这副坚不可摧的甲胄后面有一条张开着的褶皱，那上面有一层光滑的皮肤。蝎子瞅准了，立刻把毒针从这里刺了进去。蝼蛄便像遭了雷电轰击一般猝然倒地。（绝妙的比喻，刻画了蝼蛄轰然倒下的

名师导读 Mingshi Daodu

① 随着螳螂和蝎子相遇并交锋，它们所处的罐子变成了古罗马竞技场，一场激烈的残杀开始了。螳螂虽气势十足、奋然迎敌，但终究敌不过蝎子的致命一击，被蝎子的毒针迅速了结了性命。在作者的描绘下，这次搏杀紧张刺激，充满悬念，简直像是一场人与人的厮杀，让人看得惊心动魄。
（场面描写）

② 一种生活在泥土中的昆虫。其背部茶褐色，腹部灰黄色，前足发达，呈铲状，适于掘土，有尾须。此类昆虫昼伏夜出，爱吃农作物的嫩茎、根等。

瞬间。）不过，蝼蛄倒地之后还蹬了几下腿；前腿已经瘫痪了；触须缩成一团，然后分开，又合在一起；触角轻轻地抖动；肚子猛烈地抽搐。两个小时过后，它和狼蛛、螳螂一样悲惨地死去了，只不过它挣扎的时间要长一些。

现在，该蝗虫家族中最充满活力的灰蝗上场了。它和蝎子共处一室，蝎子好像有点儿害怕靠近这个好动的家伙，灰蝗似乎也很厌战，想要离开。它不停地跳跃着，可它一跳起来就被玻璃罩挡了回来，有时竟落在了蝎子的背上。蝎子则躲闪着，不想碰到这个怪物。最后，蝎子实在忍无可忍了，便狠狠地对着落下来的灰蝗的肚皮扎了一针。（此刻的蝎子更像一个“人不犯我，我不犯人”的冷面杀手，被灰蝗惹火了才出手，让人忍俊不禁。）灰蝗的身体立即剧烈震荡起来，它的一条后腿即刻掉了下来，另一条腿也瘫痪了。它停止了蹦跳，前面的四条腿也不停地抽动着。这种痉挛持续了很长时间，并不断加重，不过，灰蝗挣扎到第二天才死。

接着，蝗虫家族的另一个成员长腿蚱蜢也前来挑战。它长着圆锥形的脑袋，看起来很不好对付，但是最后也落得和灰蝗一样的下场。之后，葡萄园里的螽斯登场了。它也被蝎子刺到了，而且立即发出痛苦的叫声。不过，它还是硬撑着。（求生的本能占了上风。）两天过后，它想挪动那已经不听使唤的腿。我用葡萄汁喂了它，它喝下以后身体竟有点儿好转了。不过，它在受伤后的第七天还是死了。

从上面这些牺牲的昆虫来看，只要是被蝎子刺伤，它们都难免一死，即使它们中有的非常强壮。有些实验对象被蝎子刺中后在短时间内就死去了，大多数对象却都经历了长时间的垂死挣扎。

鞘翅目的昆虫都装备着角质装甲，只有胸甲间有狭窄的接缝。如果它们遭遇蝎子，结果会如何呢？蝎子通常随意出击，几乎找不到鞘翅目昆虫的软肋，而且也很难刺穿它们的装甲。蝎子能一刺即中的部位只有一个，那就是鞘翅目昆虫有鞘翅保护的柔软的上腹。于是，我抓来一些鞘翅目昆虫，用工具把它们的鞘翅和翅膀掀去，使它们的上腹露出来，然后把它们放在蝎子面前。结果，它们全都在蝎子的毒针下丧命了。

那么，当蝴蝶遇到蝎子，会是什么样子呢？一只金凤蝶、一只海军蛱蝶、一只大戟天蛾和条纹蝶被蝎子的毒针刺伤后都立即死去了。不过，大孔雀蝶却出乎我的意料。蝎子在大孔雀蝶布满柔软绒毛的身上刺了几下，也不知道是否真的刺进了它的体内。于是，我把大孔雀蝶肚皮上的绒毛拔光，使它的皮肤裸露出来。这回我清楚地看到蝎子的毒针刺进了大孔雀蝶的皮肤，但是大孔雀蝶依旧安然无恙。随后，我把它放入一个金属纱罩，它就紧紧地抓住纱罩，在那里一动不动地待了一整天。它的翅膀大大张开，身体也没有抖动。第二天情况仍是这样。它的爪钩住网纱，一直吊在网罩上。我将它从网罩上拉了下来，并让它仰卧在桌子上，它的身体开始痉挛起来，是不是要死了呢？不过，这个生命垂危的大孔雀蝶又起死回生般地站了起来，它又回到了网纱上，重新吊在那里。（情节发展一波三折，抓人眼球。）下午时，我又一次将它从网罩上拉了下来，仍然让它仰卧，它的翅膀轻轻地抖动了一下，立即又顺势爬起来，爬到网纱上。唉！还是让这个可怜的昆虫安宁片刻吧。直到大孔雀蝶被刺的第四天，它才自动从网纱上掉了下来，产下了卵。这只雌蝶战胜了临终前的痛苦，使得死亡却步，竟是为了要在临死前产下卵。（繁衍后代的本能支撑大孔雀蝶战胜了死神，可敬可叹。）

与大孔雀蝶比起来，蚕蛾可算是个小个子，但它抵抗毒液的能力丝毫不亚于大孔雀蝶。大孔雀蝶和蚕蛾是不完整的昆虫，它们与其他蝴蝶，特别是那些采集花粉的蝴蝶不同，它们没有口器，不吃任何食物。

它们只能活短短的几天，这仅有的几天时间就只是用来产卵繁殖。它们的寿命如此短，所以机体并不敏感，也就不容易受到伤害了。

在节肢动物家族中，千足虫对蝎子来说并不陌生。在园子里，我们经常可以看到蝎子们以千足虫和石蜈蚣为食，蝎子的强悍无可非议。不过，现在我要让蝎子和千足纲里最厉害的角色蜈蚣会一会。我把蜈蚣和蝎子放在一个装了沙子的广口瓶中。蜈蚣把身体紧靠在大瓶的边缘，它那弯曲的身体就像一条波浪形的带子。它晃动着长触角在空中探测着，突然碰到了那只一动不动的蝎子，蜈蚣竟吓得后退起来，但它绕了一圈又回到蝎子身边。当再一次碰触到蝎子后，它又快速地逃走了。这时，被惊动了的蝎子摆开架势，它把尾巴弯起，螯钳也张开了。又绕回来的蜈蚣在惊慌中落入了蝎子的螯钳，它的头颈被蝎子夹住了。（刻画了蝎子的冷静与理智，捕猎时擅长以静制动，果断出击。）蜈蚣扭动着细长的身体，蝎子却夹得越来越紧了。最后，蝎子动用了毒针，在蜈蚣的侧面刺了三四下。蜈蚣的毒钳也张得大大的，企图去夹住蝎子，但是它没有得逞。蜈蚣的身体后部在挣扎，拼命地扭动，但是它始终无法挣脱。这两个昆虫之间的争斗算是空前激烈了。

在它们斗争的间隙，我忙把它们隔离开来。蜈蚣舔了舔流血的伤口，几个小时以后，它竟恢复了活力，就跟什么也没发生过一样。第二天，我又把这两个昆虫放在一起，它们开始了新一轮的战斗，蜈蚣又被刺中了几下，血流了出来。这时蝎子往后撤退了，好像是怕蜈蚣对它实施强有力的报复。不过，那受了伤的蜈蚣并没有打击报复的念头，它沿着圆形的大玻璃瓶逃走了。第三天，蜈蚣变得很衰弱了。第四天，蜈蚣快要死了，蝎子只是盯着它。最后，蜈蚣还是死了，并被蝎子肢解了。

蜈蚣、螳螂、蝼蛄、蜘蛛……上面提到的这些昆虫，被蝎子刺伤以后，它们死亡的时间并不相同，有的立即死亡，有的还要挺上好几天，为什么会有如此的差别呢？大概是因为它们的身体结构不同吧。相同等级的昆虫的存活期都是平衡而稳定的。越是高级的昆虫越是死亡得快，低级的昆虫还能拖延一段时间，而粗俗的千足虫却能维持很长一段时间。这个推断正确吗？现在我还不知道蝎子尾部毒囊中隐藏的秘密，所以，尚不敢断定。

名师赏析 Mingshi Shangxi

蝎子在我们的生活中不常见，朗格多克蝎子对我们来说，更是充满了神秘色彩。在这一篇作品中，作者集中探究了这种蝎子的猎食方式和毒性。狼蛛、螳螂、蝼蛄、蜈蚣、长腿蚱蜢、螽斯、蝴蝶……所有的昆虫，只要遭遇蝎子，几乎都必死无疑，这足以说明蝎子的凶猛残忍以及毒性之强。蝎子与狼蛛、螳螂、蜈蚣的几场对决写得尤其精彩，动词的巧妙运用，紧张气氛的营造，博弈的过程，无不让人拍手叫绝。而没有丰厚的知识积累和细致入微的观察，是不可能把昆虫的世界描绘得如此精彩的。

● 好词好句

胜负难料　动弹不得　六神无主　束手就擒　同场竞技
空前激烈
蝼蛄便像遭了雷电轰击一般猝然倒地。

● 延伸思考

1.你知道蝎子的天敌是什么动物吗？

2.查阅资料，了解一下蝎子的生活习性吧。

Chapter 30 | 第三十章

昆虫的几何学

昆虫的技艺有时会让人瞠目结舌，它们的建筑里到处都体现了几何的完美。黄斑蜂用各种茸毛植物提供的棉绒来建巢，巢的形状圆润周正，颜色洁白如雪，手感柔软细滑，（从形状、颜色、手感三方面来写，突出其精巧。）真是美妙绝伦。卵石石蜂在建巢时，它会先建一座几何形的小塔。它们从坚硬的路面上刮一些粉末，然后用唾液搅拌成砂浆。在砂浆凝固之前，它还会在里面掺一些碎小的石子，这样不仅可以使小塔的表面更加美观，还可以使自己的建筑物更加牢固，并且能够节省一些砂浆。（设计巧妙，考虑周全，简直是自然界的小小建筑家。）

卵石石蜂在建第一座小塔的时候并不受什么制约，而接着要盖的房子就不能那么随便了，它们要严格地与第一座小塔相协调、相搭配。为了整个建筑物的牢固，就要使所有圆柱形的小塔都紧紧地结合在一起。为了节省材料，就得让相邻的两座小塔共用一堵墙。而按照常规，这两个条件似乎并不能同时满足。圆柱与圆柱组合在一起，彼此间只能在一条线上相接触，它们不能大范围地共用一堵墙，而圆柱与圆柱之间的空隙又会给整个建筑物的牢固和平衡造成麻烦。（叙述中夹杂着几何学原理，可见作者之博闻强记。）怎么解决这个几何难题呢？石蜂自有妙计。它们改变圆柱的形状而不改变圆柱的容积，圆柱内部始终保持圆形，圆柱的外部则由圆形变成了不规则的多边形，而那些多边形的角正好把圆柱间的空隙填满。随着一座座小塔的落成，第一座完美几何形的小塔已没有了原来的模样。为了防止恶劣气候的侵袭，卵石石蜂还要在蜂房上涂上一层厚厚的泥浆。这时，圆柱形小塔、带盖的圆形出口已经被掩盖住了，整个建筑物就像一个被风干的泥团。

黑蛛蜂是一位陶艺师，（暗喻手法，生动形象。）它把一只蜘蛛放在一个樱桃大小的黏土坛里，这蜘蛛是它为自己的幼虫准备的食物。这个黏土坛的外面还装饰着结节状的轧花绲边，它的形状就是被截去一头的椭圆形。但是这位陶艺师并不满足这个简单的造型，其他一些同样的黏土坛做好后，就会被排成一行，或者组合在一起。尽管每个新的陶器都是按照固定的椭圆形来建造的，但是它们被组合以后，多少都会走点形。坛底和坛底相连，平缓的椭圆形没有了丘峰，取而代之的是平坦的小酒桶底。坛子紧紧地挤靠在一起，凸凸的肚子都被挤平了。

黑胡蜂制造的陶器造型更为美观，它呈圆拱凸肚形状，就像是东方的亭子或者欧洲大教堂。（描述其形状，并通过比喻使其形象直观。）圆形拱顶的顶端还有一个喇叭形开口，那开口就是黑胡蜂给自己的幼虫装填食物的入口。把食物装满后，黑胡蜂就用一根线把卵悬挂在那个陶器里，然后用一块黏土将喇叭口塞起来。黑胡蜂把一些小蜂房组建在一起，它们必须根据最先建好的蜂房所留出的空隙的大小来随时改变正在建的房子的形状。

若是某一昆虫家族要建造一个大家共用的隐蔽处，其中每只幼虫又单独占一个格，那么这个大家共同居住的屋子会是什么样子的呢？要是没有什么限制和妨碍，这个大建筑物将呈规则的几何形，并且根据居住者的特长不同而各具特色。（融入自己的设想，增强趣味性。）

胡蜂遵循自己的艺术准则，用自己生产加工的材料筑起一个个弧度平缓的椭圆形建筑。类似这种精巧的搭配与构造，在蜣螂的梨形巢上也能得到体现。苗条灵巧的胡蜂和笨拙的食粪虫用不同的工具和材料，按照相同的图样来建造房屋，体现出了极为相似的艺术性。

在膜翅目昆虫的建筑物上似乎都可以看出其螺旋形风格。胡蜂用大颚含着一大团材料，然后沿着建好的毛坯建筑的边缘向下旋转，它在所到之处都留下一条软软的、浸透着唾液的物质拉成的带子。胡蜂的工作时断时续，要经历千百次的飞来飞去。大颚里储存的物质很快就消耗完了，它就必须飞到附近的植物上，刮下一些被潮湿空气沤软又被太阳晒得发白的木质茎，并把里面的纤维抽出、劈开，然后把一缕一缕的丝搓成塑性黏团。大颚里含满了纸浆黏团，胡蜂便又赶紧回去接着拉带子了。

这座城市的初建者——母胡蜂，最初只是单枪匹马来建巢的，繁忙的家务把它弄得筋疲力尽，它只是匆匆地搭了一个屋顶。之后，母蜂的孩子们和工蜂都来了，它们担负起继续建造的任务。这个建筑队有的干这个，有的干那个，在工地上热火朝天地忙碌着。但是，在忙碌中它们丝毫不会忙乱，它们筑起来的巢十分有规则。（用拟人化手法，说明胡蜂忙而不乱，紧张有序，严格遵循几何学原理来施工。）随着巢的高度的变化，建筑物的直径会渐渐变小，当修筑到圆顶时，宽敞的椭圆形顶端便逐渐缩成了一个锥形，最后形成了一个优美的出口。建筑队的每一位成员都各司其职，它们共同建筑了一个和谐的整体。

这些昆虫建筑师天生就深谙几何学的奥妙，它们对几何知识无师自通。这种按照一定程序来建造房屋的癖好，构成了各种昆虫的独特标志。卵石石蜂的小土塔，长腹蜂的黏土绳形长线，黄斑蜂的棉袋，黑胡蜂的细颈圆罐拱，胡蜂的纸气球……（说明不同的昆虫，其巢穴呈现不同的几何形状，呼应标题。）这些都是它们所特有的艺术品，是其他种类所无法模仿的。

我们人类的建筑师在开工前先要苦心设计、反复计算，但是昆虫建筑师们省去了这一环节，它们从刚刚建筑那一刻起，就已经心里有数了。我们人类的数学测量方法是聪明的，但我们对发明这些方法的人，不必过分佩服。因为和那些小动物的工作比起来，这些繁复的公式和理论显得又慢又复杂。难道我们就想不出一个更简单的形式，并把它运用到实际生活中吗？难道人类的智慧还不足以让我们不依赖这种复杂的公式吗？

名师赏析 Mingshi Shangxi

卵石石蜂的多边形住宅，黑胡蜂的椭圆形建筑，蜣螂的梨形巢，长腹蜂的黏土绳形住宅，胡蜂的纸气球……就像作者所说的，这些昆虫建筑师天生就深谙几何学的奥妙，它们对几何知识无师自通，让人赞叹不已，不得不感慨自然造化之神奇。

● 好词好句

瞠目结舌　圆润周正　洁白如雪　柔软细滑　美妙绝伦
各司其职

巢的形状圆润周正，颜色洁白如雪，手感柔软细滑。

● 延伸思考

1.昆虫的几何学都体现在哪些方面？

2.跟昆虫一样，我们人类的建筑也呈现不同的几何形状，观察一下身边，说一说不同的建筑所对应的形状吧。

Chapter 31 | 第三十一章

我的荒石园

我曾日夜盼望有一块属于自己的地，在那里可以有一个活的昆虫实验室。（开门见山，交代荒石园得来的背景。）后来，我终于得到了这样一块地，它就在一个荒僻的小村庄里。这是一个荒石园，在当地，“荒石园”的意思就是荒芜不毛、乱石遍布、百里香滋生的荒地。一般荒石园里的土地十分贫瘠，即使精心耕种，也改善不了它的土质。

幸运的是，我的荒石园里还有一些红土，所以，还可以长点儿作物，据说这园子里原来还种过葡萄。我想在园子里种些作物，所以对园子进行了挖掘，果真挖出了一些宝贵的茎。那些茎在地下待的时间长了，有的竟变成了炭。只有三齿钢叉才能插进这种土质的地里，我不断用三齿钢叉插着，但每次掘起来的土都让我失望。原先园子里种植过的葡萄树早已经荡然无存。这里也没有了百里香，没有了薰衣草，那一簇簇的胭脂虫栎树也不再有了。百里香和薰衣草是膜翅目昆虫所钟爱的，在这两种植物上，那些昆虫可以采集到它们所需要的东西。所以，我不得不在园子里重新栽满这些植物。

经过一段时间的苦心耕作，我的园子里已经是各种花草树木丛生了。犬齿草大量地滋蔓着，经过三年的奋力铲除，也没有使它绝迹。其次是矢车菊，这种植物满身是刺，有的还长着星形的戟。在那些纠缠在一起的矢车菊丛中，生长出一些样子凶恶的刺冬，它的茎刺像钉子一样硬。比刺冬长得高一些的是伊利大翅蓟，这种植物的茎又高又直，顶端还托着一个玫瑰色的大绒球。刺茎菊科类植物在这个园子里也有很多，有恶蓟，还有染黑蓟等。染黑蓟有带刺的玫瑰花茎结。（通过列举诸多植物，可见作者在植物学方面也造诣颇深。）

在这些蓟之间有荆棘的新枝丫，还结着淡蓝色的果子。要是想在这荆棘丛生的地方观察膜翅目昆虫的活动，不穿上靴子是不成的，除非你不怕腿肚子被刺出血。只要土里有一点儿水分，刺冬和大翅蓟就会钻出新芽，然后从矢车菊紫色的头状花序铺成的整块地毯中伸出来。那些生命力顽强的荆棘也会攀上其他植物。当干旱的冬季来临时，这个园子里就只剩下一片枯枝干叶了。这个园子就是我的荒石园。

这块地对我来说是一个伊甸园，对于那些膜翅目昆虫来说也是一个天堂。（表达了对荒石园的热爱之情。）在这里，我可以轻易地捕捉到很多昆虫。这些昆虫中有专业的捕猎者，有土房子的建造者，有棉织品的加工者，有在花叶间修剪零件的组装工，有搅拌黏土的泥瓦匠，有钻木的木匠，还有在地下挖巷道的矿工……（比喻兼拟人，生动而活泼。）

你看，那只黄斑蜂正在啃矢车菊的茎，并用那些纤维堆成一个棉花球，然后用大颚将这个球衔到地下，制造一个棉毡袋，用来装蜜和卵。附近的灌木丛中有只樵叶蜂，它肚子下面有黑色、白色或者火红色的花粉刺。它离开那些蓟，然后去花的叶子上剪下椭圆形的零件，用这些零件组装成容器。那些穿黑绒衣服的是什么？是石蜂，它们正在加工水泥浆和卵石，准备在石头上砌房子。那边一大群猛地起飞，又嗡嗡嗡地大声叫的正是砂泥蜂，它们喜欢住在旧墙上或向阳的斜坡上。

壁蜂也飞过来凑热闹了。［一只壁蜂在蜗牛空壳里的螺旋壁上建造着房屋；另一只在啄着干荆棘里的髓，好给幼虫造个圆柱形的房子；第三只在芦苇的管道中游逛；第四只则跑到石蜂空闲的走廊里去做客了。］❶ 大头蜂和长须蜂也前来报到，它们的雄蜂都翘着高高的角；毛斑蜂在后腿上有一支大毛笔；土蜂的种类繁多；隧蜂的肚子纤细。在我的菊科植物丛中，几乎可以找到所有采蜜类的昆虫。

跟蜜蜂们生活在一起的是那些捕猎采蜜者的部族。泥瓦匠们曾在我的荒石园中遗弃了不少废料，园中到处能看到一堆堆的沙子和石块。石蜂们往往选择石头间的缝隙作为居所，它们一堆堆地聚在一起。而在那石蜂的洞口有一只粗壮的单眼蜥蜴，它张着嘴在那里守候着；黑耳朵的鵖鸟穿着修士的服装——白袍子、黑翅膀——在最高的石头上栖息，（通过拟人手法，使鵖鸟的形象活灵活现。）它的窝里还有天蓝色的卵。

在地上活动的还有一群辛勤的劳动者：泥蜂在那儿打扫地穴的门槛，把尘土往上抛，呈现出抛物线的形状；朗格多克飞蝗泥蜂用触角拖着一只螽斯；大唇泥蜂把捕捉的叶蝉放到地窖里。

在春天或秋天里，砂泥蜂在花园小径的草地上飞来飞去，寻找毛虫。蛛蜂拍打着翅膀敏捷地飞向隐蔽的角落去捉蜘蛛，它们经常窥伺着狼蛛的窝。狼蛛的窝在荒石园中十分常见，这个窝是个陷阱，在窝底是人人见了都害怕的狼蛛，它的眼睛在洞里闪着小金刚钻似的光芒。对于蛛蜂来说，要捕捉这样一种猎物，多么危险啊！

［在盛夏的午后，蚂蚁队伍出动了。它们从自己的营房出来，排成一字长蛇阵，一路向远方走去，准备进行一场狩猎。我忙里偷闲，随蚁队前行，观看了一会儿它们的围捕行动。这边还有更热闹的呢，在一堆已经腐烂的杂草周围，一群土蜂正懒洋洋地飞动着，突然它们一头扎进了烂草堆，去寻找美食——独角仙和金匠花金龟的幼虫。］❷

在这个园子里，还有很多很多的课题可以观察研究。画眉在丁香丛中筑巢；翠雀在茂密的柏树下定居；麻雀把碎布和稻草衔到屋檐下；金丝雀来到梧桐树梢婉转歌唱；猫头鹰也跑到这里发出刺耳的咕咕声。（综合视觉和听觉描写，写出了荒石园的生趣盎然。）

房子的前面是一个大池塘，池塘里的水来自喷泉。在交尾季节，两栖类动物纷纷来到池塘边。[灯芯草蟾蜍在那里约会洗澡。当黄昏来临时，池塘边跳跃的雄蟾蜍便成为雌蟾蜍的接生婆，雄蟾蜍后腿上挂着一串李子核那么大的卵袋，这位慈爱的父亲要将这个宝贝卵袋放入水中。雨蛙也在树丛间呱呱地叫着，还不时地做出优美的潜水动作。在气候宜人的五月，每当夜幕降临时，这池塘便成了那些合唱队表演的舞台。]❸

膜翅目昆虫非常大胆，它们经常来侵占我的居所。白边飞蝗泥蜂在我家门槛的瓦砾里面筑起窝。我每次进家门时还要小心翼翼，以免踩坏了它们的窝。我的房间里那些关着的窗户框给长腹蜂提供了温暖的居所，它的窝用土砌成，并贴在方石砌成的内壁上。这种捕猎蜘蛛的昆虫利用护窗板上的小洞返回它的家。胡蜂和马蜂常常来我们家做客，它们竟到我们的餐

名师导读 Mingshi Daodu

❶运用排比句，刻画了壁蜂的生活场景，读来朗朗上口，并使得它们忙忙碌碌的身影跃然纸上。
（排比句式）

❷从一个场景到另一个场景，作者切换自如，表现了荒石园的热闹景象，给人目不暇接的感觉，同时也表达了对这个昆虫乐园的热爱。
（场景描写）

❸用拟人化的手法，写出了池塘这个自成一体的小世界的生趣盎然。

桌上来看看大家吃的葡萄是不是熟透了。（戏谑的口吻，引人发笑。）总之，这个园子里的昆虫不仅多，而且品种齐全，如果我能跟它们交谈的话，那在这个荒凉的地方就会增添更多的乐趣。

有人指责我使用的语言不庄严，按照他们的说法，只有晦涩难懂的文字才能思想深刻。我的那些带着螯针和盔甲上长着鞘翅的昆虫朋友们，都出来为我辩护吧！告诉他们我跟你们是多么的亲密无间，我是怎样有耐心地观察你们，是多么认真地记录下你们的行为的。（直抒胸臆，把昆虫当成比人还亲密的朋友。）

我亲爱的昆虫朋友们，如果因为我对你们的描述不够令人生厌，所以就不能说服那些正统的人，那么我就会对他们说："你们把昆虫开膛破肚，把那些可爱的小东西变得又恐怖又可怜，而我则使它们成为人们喜爱的小家伙；你们在酷刑室和碎尸场工作，而我则是在蔚蓝的天空下，在蝉鸣中进行观察；你们用试剂测试蜂房和原生质，而我研究的却是昆虫本能的最高表现；你们探究死亡，而我却是探究生命……"（通过对比，作者一方面批判了所谓正统人士的虚伪，另一方面说明了自己的研究方法贴近自然、科学严谨、无可厚非。）

人们花费大量的资金，在大西洋沿岸和地中海海岸建起了多处实验室，以供解剖那些对我们没有什么意义的海洋动物用。人们还不惜血本，购置高倍显微镜、精致解剖仪、捕捞船等，又雇佣捕捞人员，建造水族馆，为的是了解环节动物的卵分裂问题。搞这种名堂到底有多少实际意义，我至今说不上来。人们对陆地上的昆虫如此不屑一顾，殊不知它们和我们是那样息息相关地生活在一起。它们为普通心理学提供了价值非常大的基础材料，同时它们年年侵吞农作物的行为又频繁损害了人类的收益。正因为如此，我们需要一座昆虫学实验室，一座研究活昆虫的实验室，一座以探究昆虫世界的本能、风俗、生活方式、斗争、劳作和繁衍等为目的的实验室。也正因为此，我启动了研究活昆虫的荒石园实验室。（首尾呼应，结构严谨。）

名师赏析 Mingshi Shangxi

1880年，法布尔出资购买了一所老民宅。在他的不懈努力下，荒石园由原来的一片荒芜杂乱，变成了一个生机勃勃、鸟语花香的大花园，并成为许多昆虫的天堂。这与作者对大自然的向往和对昆虫的热爱是分不开的。兴趣使然，他为自己精心营造了这样一个天然实验室。他和昆虫们朝夕相处，其乐融融，也从它们身上获得了大量的自然科学知识，并深受启发，对生活和生命有了崭新的认识与领悟。可以毫不夸张地说，作者赋予昆虫的是一个乐园，而昆虫回馈他的是全世界。

●写作借鉴

1.感情真挚：荒石园因为有了各种小生灵而显得生机勃勃，作者把它们都视为朋友，用饱含深情的语言一一介绍它们，表示了尊重和热爱，营造出一种温馨友爱的气氛。

2.拟人手法：文中，作者描写各种动物时，往往赋予它们人的感情和灵性，使得文章妙趣横生。

●延伸思考

1.说说看，荒石园里生活着哪些动物。

2.研究昆虫学对人类有哪些意义？

《昆虫记》读后感

鲁淘淘

（其一）

在我的书架上，一直珍藏着一本书，这本书具有神奇的魔力，它能带我走进昆虫世界，感知鸟语花香，回到大自然的怀抱，这就是《昆虫记》。

我们生活在都市里，很少有机会见到各种各样的昆虫。而《昆虫记》为我打开了一扇窗，让我认识了许多昆虫，也懂得了许多知识：小蜘蛛怎样从妈妈的卵袋中孵出来；蜣螂怎么滚粪球；蟋蟀一生都在修葺住宅；蜜蜂怎样筑巢；蝴蝶怎样孵化；蟹蛛怎么乘坐“飞行器”随风飞走；螳螂怎么捕猎；狼蛛妈妈为儿女操碎了心；蝗虫怎么蜕皮……只要一想起来，我就会觉得特别有趣、回味无穷。

法布尔从产卵、孵化、生活习性等方面展现了昆虫世界的精彩纷呈，他经常运用比喻、拟人的修辞手法，把各种昆虫写得很形象、很生动。其中，我最喜欢的是蜜蜂的故事。法布尔分别写了舍腰蜂、斑纹蜂、黄蜂、樵叶蜂、黑胡蜂……它们虽然有着不同的习性，但都非常勤劳，而且特别疼爱和关心自己的宝宝，这让我想到妈妈为我忙碌的身影。

读完这本书之后，我开始对昆虫的世界充满了好奇，只要一有机会，就会去观察它们。比如说，我和爸爸妈妈去野外郊游的时候，会看到很多的蚂蚁，还能看到美丽的蝴蝶，以及蹦来蹦去的蚱蜢。通过近距离的观察，再联系法布尔所写到的，就更加生动有趣了！

通过阅读这本书，我学会了很多自然科学知识，也提高了自己的观察能力，并且更加懂得保护、爱惜小动物了。在自然界中，有许许多多的昆虫，不妨让我们走进它们的世界，去了解它们吧。

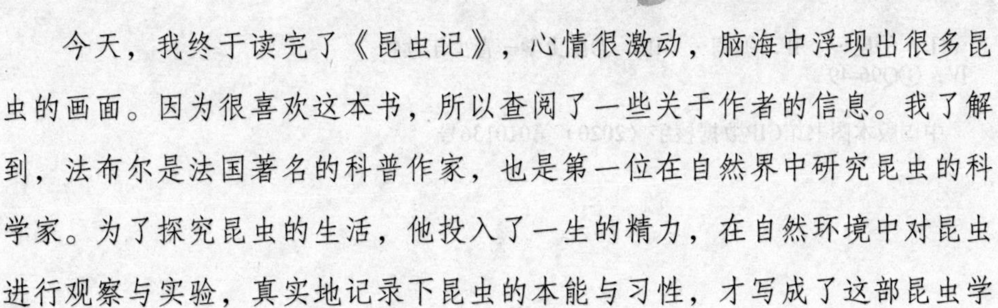

（其二）

今天，我终于读完了《昆虫记》，心情很激动，脑海中浮现出很多昆虫的画面。因为很喜欢这本书，所以查阅了一些关于作者的信息。我了解到，法布尔是法国著名的科普作家，也是第一位在自然界中研究昆虫的科学家。为了探究昆虫的生活，他投入了一生的精力，在自然环境中对昆虫进行观察与实验，真实地记录下昆虫的本能与习性，才写成了这部昆虫学巨著。

如果说思维是地球上最美丽的花朵，那探索精神就是其中最灿烂的一朵。有史以来，我们人类正是凭借着孜孜不倦的探索精神，才不断开拓着视野，把自然科学、人文科学往前推进着。

法布尔的探索精神深深感染了我，他笔下的微观世界也让我深深地着迷：勤劳的蜜蜂，执着的蜣螂，会玩心理战术的螳螂，看似温柔实则残忍的萤火虫，要在地下潜伏四年才能钻出地面、在阳光下歌唱五星期的蝉，呆头呆脑、不懂得变通的松毛虫，痴情的大孔雀蝶，为孩子操碎了心的蜘蛛……

受这本书的影响，我还爱上了摄影，喜欢拿着相机去捕捉大自然中美好的画面，还有忙忙碌碌的小动物们的身影，尤其是小小的昆虫，从蟋蟀到蝉，从蚂蚁到蝴蝶，从七星瓢虫到蜜蜂，拍下了很多的照片，也了解了更多的自然科学知识。

读完这本书，我知道了人只是生物链的一环，任何一个生命，包括昆虫在内，都有着捍卫自己领地、食物、后代的光荣使命，让自己和家人可以活得更加舒适开心。所以，我们应该爱护动物，共同保护环境，齐心协力来维持自然界的生态平衡。

图书在版编目（CIP）数据

昆虫记 / 闫仲渝主编．—成都：天地出版社，
2020.7（2024.3重印）
（经典文学名著金库：名师精评思维导图版）
ISBN 978-7-5455-5477-9

Ⅰ．①昆…　Ⅱ．①闫…　Ⅲ．①昆虫学—青少年读物
Ⅳ．①Q96-49

中国版本图书馆CIP数据核字（2020）第010136号

经典文学名著金库：名师精评思维导图版

KUNCHONG JI
昆虫记

出品人　杨　政
原　著　［法国］法布尔
主　编　闫仲渝
责任编辑　李红珍　李菁菁
责任印制　刘　元

出版发行　天地出版社
（成都市锦江区三色路238号　邮政编码：610023）
（北京市方庄芳群园3区3号　邮政编码：100078）
网　址　http://www.tiandiph.com
电子邮箱　tianditg@163.com
经　销　新华文轩出版传媒股份有限公司

印　刷　水印书香（唐山）印刷有限公司
版　次　2020年7月第1版
印　次　2024年3月第18次印刷
开　本　720mm×975mm　1/16
印　张　16
字　数　230千字
定　价　25.00元
书　号　ISBN 978-7-5455-5477-9

咨询电话：(028) 86361282（总编室）
购书热线：(010) 67693207（营销中心）

如有印装错误，请与本社联系调换。

经典文学名著金库

名师精评思维导图版

LITERATURE OF CLASSIC

经典文学名著金库

名师精评思维导图版

L I T E R A T U R E O F C L A S S I C